T
O
k
Y
Y

獻給我的雙親

TOKYO Les recettes culte

東京味：110⁺道記憶中的美好日式料理

作　者　室田萬央里
攝　影　井田晃子&皮耶・賈維勒
譯　者　彭小芬
編　輯　李瓊絲
美術設計　王吟棣
版面設計　吳怡嫻

發 行 人　程顯灝
總 編 輯　呂增娣
主　編　李瓊絲
編　輯　鄭婷尹、陳思穎
　　　　邱昌昊、黃馨慧
美術主編　吳怡嫻
資深美編　劉錦堂
美　編　侯心苹
行銷總監　呂增慧
行銷企劃　謝儀方、吳孟蓉、李承恩

發 行 部　侯莉莉
財 務 部　許麗娟、陳美齡
印 務　許丁財
出 版 者　四塊玉文創有限公司

總 代 理　三友圖書有限公司
地　址　106台北市安和路2段213號4樓
電　話　(02) 2377-4155
傳　真　(02) 2377-4355
Ｅ－mail　service@sanyau.com.tw
郵政劃撥　05844889 三友圖書有限公司

總 經 銷　大和書報圖書股份有限公司
地　址　新北市新莊區五工五路2號
電　話　(02) 8990-2588
傳　真　(02) 2299-7900

製版印刷　皇城廣告印刷事業股份有限公司

初　版　2016年 5月
定　價　新臺幣480元
Ｉ Ｓ Ｂ Ｎ　978-986-5661-70-0　（平裝）

國家圖書館出版品預先編目（CIP）資料

東京味：110⁺道記憶中的美好日式料理
/ Maori Murota 著；彭小芬譯.
-- 初版 . -- 臺北市：四塊玉文創, 2016.05
面；　公分
譯自：Tokyo les recettes culte
ISBN 978-986-5661-70-0（平裝）

1.食譜 2.日本

427.131　　　　　　　　　　　105006790

© Marabout (Hachette Livre), Paris, 2014
Tokyo Les Recettes Culte by Maori Murota
Complex Chinese edition © 2016 SanYau Book Co., Ltd.
Arranged through Dakai Agency

室田萬央里

TOKYO Les recettes culte

110⁺道記憶中的美好日式料理

東京味

攝影／井田晃子&皮耶‧賈維勒

造型／室田萬央里&薩賓娜‧佛達─侯勒

插圖／巴黎遊樂園

作者序

來到法國之後，我注意到日本料理在此地並不怎麼為人所知。人們經常將它和其他亞洲菜搞混，對它的印象也非常有限。有些人問我：「所以，您在家天天吃壽司？」不，並沒有那麼常吃。壽司比較像是壽司大師在餐廳裡主持的一場盛宴。「我不喜歡豆腐，平淡乏味。」豆腐有許多種烹調方式，而選擇適合每道菜的豆腐也是非常重要的。「味噌湯沒什麼味道，只有鹹味。」喝用用真正的柴魚昆布高湯煮的味噌湯，您一定會馬上改觀！因此，我開始教烹飪課，不僅介紹壽司和串燒，更納入日本人日常食用的各種料理。很高興聽到別人的反應是：「日本料理很容易嘛！有許多口味是我沒有嘗過的，以為作法會很繁複，其實不難學。」是啊，真的很容易，只要懂一些基本技巧，能夠認識真正的好食材。或許不是每個人都能成為壽司大師，但是家常的日本料理學起來並不難。

我出生於東京，父母都熱愛美食。家父是道地的東京人，頗以他的出身自豪，他帶著我造訪過他所熱愛的每一間餐館，從奢華的壽司餐廳到陳設簡陋但口味好到不可思議的串燒小攤，當然也沒有錯過淺草區的傳統蕎麥麵店。家母也講究烹飪，天天幫我準備上學帶的便當。我的便當可以說是全班最好吃的，大家都想嘗一口。在家裡，我們會一起做菜，每一餐都要經過慎重討論。因此在這本書裡，我想向各位介紹我從小就熟悉的道地東京料理，包含家常菜和餐廳美食。書中的食譜來自我的記憶，以及我為這本書特地做的旅行，我探訪了喜愛的地區，並回顧我的家庭根源。希望這本書能夠幫助您發現東京與日本真正的美好滋味，若能帶給您日常烹飪的靈感，或是與人共同分享的喜悅，那將是我的榮幸。

Maori

室田　万央里

（左頁）家母的食譜筆記，
從我出生開始記起。

東京味

目　錄

早餐
ASA TEISHOKU
朝定食

在此介紹的日式傳統早餐，內容包括米飯、味噌湯、醃漬小菜、魚和蛋。這一餐可以說是日本料理的根本，因為它包含了日式餐飲中不可或缺的食材，例如米飯與柴魚昆布高湯。在日常生活中，日本人未必有時間準備這種傳統早餐，往往以咖啡、吐司、鬆餅之類的西方食物取代，但是傳統的口味還是深受喜愛。

準備米飯

PRÉPARATION DU RIZ

日本人的主食是米飯。日本米的顆粒比較短，而且富含澱粉。米飯不只是主菜的陪襯，它的重要性和其他的日本料理不相上下。日本境內栽種的稻米品種超過300種。消費者會慎重挑選品牌，花費相當於幾百歐元的價格買一個電鍋，就為了煮出最好吃的飯。日本人對於把好米煮成完美的飯是很執著的。

菜色不同，所需準備的米飯份量也要隨著調整：

一般的菜搭配1小碗飯：150克
丼飯（將配料直接鋪在米飯上）需要1大碗飯：280克
1顆壽司：18克
大飯糰：100克
小飯糰：60克

舉個例子，準備4人份的蓋飯（丼），需要3杯米，份量相當於450克或540毫升，煮出來的飯大約為1.125公斤。

米和水的比例
4人份

日本米300克＝360毫升或2杯（每人75克）
水430毫升（相當於米的份量的1.2倍）

杯是日本的度量單位，1杯米相當於150克，也就是180毫升。一人1碗飯，需要75克，也就是90毫升的米，所以煮1杯的米，剛好夠兩個人吃。為了計算方便，建議您去找個容量與杯相當的容器。煮1杯米需要1.5杯的水，煮出來的飯，重量相當於生米的2.5倍。75克的米會變成190克的飯。

米飯的作法
準備時間35分鐘，烹煮時間18分鐘

1.淘洗
將米倒進一個大碗裡，倒水進去用手稍微攪拌後，很快把水倒掉（用濾網會比較容易把米留住）。接下來就要淘米了。日本人所謂的淘米，意思是洗去米粒上多餘的澱粉。手做出類似抓棒球的動作，伸入米粒中畫圓圈，畫個20圈左右。將水倒入碗裡，水會變白混濁。立刻把水倒掉，重複淘米的動作。倒水進去，再把水倒掉。這個過程要進行3～4次，直到碗裡的水清澈不變白為止。

2.瀝水
將米倒在濾網上，放置30分鐘，讓米瀝水。

3.浸泡
用一個較厚且附鍋蓋的鍋子或燉鍋煮飯，煮出來的飯才不容易燒焦。把米倒進鍋裡，加入適量的水。泡水可讓米粒在煮之前先吸收水分。

4.烹煮
蓋上鍋蓋，用中火煮到水滾（大約5分鐘）；轉最小火，再煮12～13分鐘（轉小火之後要避免掀開鍋蓋）。熄火，繼續悶10分鐘。最後一個步驟可以讓飯粒飽滿膨脹。掀開鍋蓋，用鍋鏟稍微攪拌一下鍋底的飯，動作輕一點，免得壓扁飯粒。如果飯太黏，先將鍋鏟沾水再拌。

建議
如果想要買電鍋，在預算許可的情況下，儘量選日本製的電鍋，因為中國製造的電鍋適合中國的米，澱粉和水的含量都比日本米少。如果您的時間不夠，可以省略瀝乾和浸泡的步驟（雖然煮出來的飯沒那麼好吃，但是時間緊迫也是無可奈何），不過淘洗的步驟千萬不能省，這樣才能去除多餘的澱粉和不好的味道。

01

02

03

柴魚昆布高湯
DASHI

01

材料與份量

1公升的水
10克的昆布
10克的柴魚片

柴魚片和昆布的比例很好記：柴魚片是水量的1%。例如800毫升的高湯，需要8克的柴魚片和8克的昆布。

柴魚昆布高湯是日本料理的基本食材。味噌湯就是用它和味噌調配出來的。這種高湯最常見的成分包括水、柴魚片（刨成薄片狀的鰹魚乾）和昆布（乾海帶）。遺憾的是，如今許多日本人已經不親自熬煮高湯，僅以粉狀或液狀的即溶湯包取代，和法國人用的高湯塊差不多。不過，即溶高湯往往含有味精的成分，令一道好菜因而失色，我覺得相當可惜。建議您至少親自熬煮一次高湯，雖然得多花點錢和時間，但它的好滋味是即溶高湯完全比不上的，真的很值得！熟練之後，煮這種高湯就變得非常簡單，您可以在熬湯的同時準備其他的菜。

作法
準備時間40分鐘，熬煮時間17分鐘

建議
您可以將高湯裝在保鮮袋或製冰盒裡冷凍保存，每次只取用所需的份量。柴魚片開封後要妥善密封，否則很容易受潮，味道就會變差。如果買即溶高湯，儘可能挑選不含味精的。使用時，根據包裝上的指示加水稀釋。

1.浸泡
倒水入鍋，將昆布切成兩半放進鍋內浸泡至少30分鐘。這個步驟可以提前一晚或幾個鐘頭進行，將鍋子放置在陰涼的地方。

2.熬湯
以小火加熱，經過大約15分鐘，水開始冒泡泡時，就把昆布撈出來，千萬不要等到水沸，否則昆布的味道會太重。昆布取出後，將柴魚片一口氣倒進鍋裡，以中火繼續煮，湯一滾馬上熄火。讓柴魚片在熱湯裡繼續浸泡10分鐘。

3.過濾
透過濾網將高湯倒進碗裡，輕壓柴魚片，把湯汁全部都瀝出來。

01

02

03

04

不同種類的味噌

MISO

みそ

味噌是日本料理中最基本的食材之一，它的主要成分是熟黃豆，往往還會加上米或麥（視地區而異）來促進發酵。味噌富含維他命B和蛋白質，具有防癌的功效。做味噌湯要用到味噌，它是日本人餐桌上不可或缺的角色，我們也把它當作調味料，用它來醃魚、醃肉、調配醬汁，甚至製作甜點。味噌的顏色會隨著成分和發酵程度的不同而改變，大體可區分為3種：赤味噌、黃味噌和白味噌。您可以把好幾種不同的味噌混在一起，調配出您個人最喜歡的口味，但我奉勸您這麼做之前，先嘗嘗每一種味噌的味道。

黃味噌

這種味噌的製作原料是大麥和黃豆（在日本南部則是米和黃豆）。煮湯的話，它的味道適中，和各種食材都能搭配，尤其是蔬菜、豆腐和海帶。它是日常飲食中最常用的一種味噌，在日本說到味噌，通常指的就是這種黃味噌。

白味噌

這種味噌的發酵時間短，含的鹽分也比較少，味道偏甜而且溫和。要煮湯的話，它非常適合搭配根莖類蔬菜、冬季蔬菜或者豬肉。日本人的味噌湯通常不放肉，不過偶爾也會破例加入豬肉。由於白味噌的味道比較淡，不妨加一點香料，例如七味粉、薑或少許柑橘類的果皮，可增添香味。

赤味噌

它的味道比黃味噌和白味噌更重，發酵的時間也最久。要煮湯的話，通常是搭配海鮮或者香味強烈的蔬菜，例如紫蘇或烤蔬菜。

黃味噌	白味噌	赤味噌

黃味噌＋豆腐＋海帶芽
黃味噌＋南瓜＋洋蔥
黃味噌＋油炸豆皮＋香菇（椎茸）

白味噌＋白蘿蔔
白味噌＋蓮藕＋豬肉
白味噌＋大白菜＋薑

赤味噌＋蝦＋細香蔥
赤味噌＋烤韭蔥（大蔥）
赤味噌＋秋葵＋紫蘇

+黃味噌

4人份

<u>湯底</u>
600毫升的柴魚昆布高湯
4湯匙的黃味噌

豆腐與海帶芽

100克的嫩豆腐

4克的海帶芽

將豆腐切成1立方公分的小丁。海帶芽在碗裡泡水5分鐘，瀝乾，切成2公分長的小段。將高湯以大火煮滾，然後轉成中小火並加入豆腐，繼續煮1分鐘。加入海帶芽，並將味噌溶入湯裡。熄火後即可食用。

南瓜與洋蔥

1/4 顆洋蔥

100克的南瓜

洋蔥切成0.5公分的薄片。南瓜削皮去籽，切成厚度0.5公分，長寬約2×3公分的薄片。將高湯以大火煮滾之後，加入洋蔥和南瓜，轉中火繼續煮5分鐘左右。將味噌溶入湯裡，熄火後即可食用。

油炸豆皮與香菇

25克的油炸豆皮

2朵香菇

將豆腐切成1立方公分的小丁。海帶芽在碗裡泡水5分鐘，瀝乾，切成2公分長的小段。將高湯以大火煮滾，然後轉成中小火並加入豆腐，繼續煮2分鐘。加入海帶芽，並將味噌溶入湯裡。熄火後即可食用。

+白味噌

4人份

<u>湯底</u>
600毫升柴魚昆布高湯
4湯匙的白味噌

白蘿蔔

4公分長的白蘿蔔

先將白蘿蔔切成厚度0.3公分的薄片，再切成蘿蔔絲。將高湯以大火煮滾之後，加入白蘿蔔，轉中火繼續煮3分鐘。將味噌溶入湯裡，熄火後即可食用。

蓮藕與豬肉

3公分長的蓮藕

70克的豬背脊肉或豬胸肉薄片

1湯匙的麻油

七味粉

蓮藕削皮，先切成圓形薄片再對切，厚度約0.3公分。將豬肉片切成2公分寬的條狀。鍋內倒入麻油，以中火加熱之後，先倒入豬肉，炒到表面開始變色，再加入蓮藕，繼續炒1分鐘，這時才倒入高湯。湯滾了之後，轉中小火繼續煮3分鐘。將味噌溶入湯裡，熄火後即可端上桌。食用前撒一點七味粉。

大白菜

3片大白菜

1公分長的薑

先將大白菜切３段，再切成0.7公分寬的長條。薑切成細絲。將高湯以大火煮滾之後，加入白菜，轉中火繼續煮5分鐘。加入薑絲，再將味噌溶入湯裡，熄火後即可食用。

+赤味噌

4人份

<u>湯底</u>
600毫升柴魚昆布高湯
3湯匙的赤味噌

蝦

8隻生的大蝦（若買不到生蝦，熟的也行）

2根細香蔥

把細香蔥切成細細的蔥花。將高湯以大火煮滾之後，放入蝦，轉中火繼續煮5分鐘（如果蝦是熟的，煮3分鐘就好）。把浮在湯汁上的泡沫撈掉，再將味噌溶入湯裡，熄火後即可端上桌。食用前撒下蔥花。

韭蔥

2根韭蔥的蔥白

2湯匙的麻油

2根細香蔥，切成蔥花

韭蔥切成2公分長的小段。鍋內倒入麻油以大火加熱，油熱了以後放入韭蔥，等到蔥的表面出現焦黃色澤，倒入高湯，轉中火繼續煮5分鐘。將味噌溶入湯裡，熄火後即可端上桌。食用前撒下蔥花。

秋葵與紫蘇

5根秋葵

2片紫蘇

將紫蘇細細切碎，秋葵切成0.3公分厚的小段。將高湯以大火煮滾之後，放入秋葵，轉中火繼續煮1分鐘左右。將味噌溶入湯裡，熄火後即可端上桌。食用前撒下紫蘇。

醃漬小菜
TSUKEMONO
漬け物

大白菜

4人份

準備時間10分鐘
放置時間2小時

1/4顆大白菜
1/2顆有機檸檬
2咖啡匙的天然粗鹽
1咖啡匙的醬油
2～3公分長的薑
4公分長的昆布

大白菜葉先縱切成3條，再切成4公分長的小段。將昆布切成邊長2公分的方塊。薑去皮並細細切碎。擠出檸檬汁，將檸檬皮細細切碎。準備一個有封口的保鮮袋，將所有的材料放進去，將袋內的空氣擠出。袋口封好之後，從外部搓揉攪拌。放入冰箱至少2小時後再取出食用。這道小菜放在冰箱裡可以保存2天。

蕪菁
（大頭菜）

4人份

準備時間5分鐘
放置時間2小時

2～3顆很小顆的蕪菁
3公分長的昆布，切成小塊

醃料
5湯匙的米醋
1湯匙的蔗糖
1咖啡匙的粗鹽

將蕪菁切成厚度0.1～0.2公分的圓形薄片（用廚房刨刀比較容易切成平整的薄片），放入碗裡備用。把醃料放進小鍋裡，以小火加熱，使糖和鹽融化且均勻混合，熄火之後再加入昆布。把醬汁倒入碗中，與蕪菁拌勻之後，至少要放置2小時。這道小菜放在冰箱裡可以保存4天。

小黃瓜與
胡蘿蔔

4人份

準備時間20分鐘
放置時間2小時

1/2條小黃瓜
1根胡蘿蔔
1咖啡匙的粗鹽

醃料
3湯匙的醬油
3湯匙的米醋
1咖啡匙的糖
1瓣拍碎的大蒜
1公分長的薑，剁碎

將小黃瓜切成一口大小的三角塊狀（先切小段，再從對角線切成兩半），放入碗裡，用鹽醃10分鐘，讓它出水。胡蘿蔔切成同樣的形狀備用（譯注：法國的胡蘿蔔小小一條，如果用台灣的小黃瓜和一條胡蘿蔔，比例就不對了）。把醃料的全部材料放進一個容器裡，拌勻之後再加入小黃瓜與胡蘿蔔。把這道菜放進冰箱裡，不時拿出來拌一下。醃漬2小時之後可以食用，放在冰箱裡可以保存2天。

日式煎蛋卷（玉子燒）

TAMAGO YAKI

4人份

準備時間5分鐘
烹飪時間5分鐘

3顆雞蛋
1湯匙的高湯（參考第12頁）
滿滿1咖啡匙的蔗糖
1/2咖啡匙的醬油
葵花油

在碗裡打蛋，並加入其他的材料拌勻。取一只中型平底鍋
（直徑約22公分）加熱，倒入一點油，多出來的油用餐巾
紙吸掉。整個鍋面要均勻覆蓋一層油。

倒入份量1/5的打散蛋汁，像煎可麗餅一樣攤開。趁表面
還沒完全凝固，將蛋皮捲向鍋的邊緣。

再倒入份量1/5的蛋汁，攤開在之前的蛋卷下面，趁蛋皮
已熟但未完全凝固之際，將新的一層捲在蛋卷上。重複這
個過程，直到蛋汁用完為止。

利用捲壽司的竹簾，可以做出漂亮的方形煎蛋卷。用竹簾
捲著它直到冷卻，再把煎蛋卷切成6段食用。

01

03

04

02

05

溫泉蛋

ONSEN TAMAGO
温泉卵

4人份

準備時間5分鐘＋放置一晚
烹飪時間18分鐘

4顆室溫下的雞蛋

柴魚昆布醬油*
200毫升的醬油
滿滿3湯匙的柴魚片**
1片3×3公分的昆布

將做柴魚昆布醬油的所有材料倒進一個玻璃罐裡，放置一晚讓它入味。如果時間不夠，可以將這些材料倒進鍋裡煮沸以後熄火，放30分鐘讓它入味。這種調味料適用於生魚片和沙拉，還可以代替一般的醬油。放在冰箱裡可以保存1個月。建議各位隨時都要留一些柴魚昆布醬油備用。將雞蛋放進一個鍋蓋緊密的小鍋子裡，接著倒入滾燙的熱水將雞蛋完全蓋住，再蓋上鍋蓋等候18分鐘。
在每個碗裡剝開一顆溫泉蛋，淋上1湯匙的柴魚昆布醬油。

** 柴魚片
＝ 刨成薄片狀的鰹魚乾

* 柴魚昆布醬油

以昆布和柴魚片增添香味的醬油

納豆
NATTO
納豆

1人份

準備時間5分鐘

1盒納豆*（50公克）
1公分長的韭蔥，取蔥白切碎
1湯匙醬油
1顆新鮮的雞蛋
1/2咖啡匙的日本黃芥末醬（可加可不加）

把所有的材料放進碗裡，用筷子快速攪拌，攪到起泡。將攪拌過的納豆裝進小碗裡，配一碗飯。要吃的時候，把納豆倒在飯上。納豆的質地黏糊糊的，味道非常特殊，不過它是日式傳統早餐中不可或缺的配菜。

——納豆是發酵過的黃豆，通常是一盒一盒賣。最傳統的納豆是裝在一個稻草容器裡，豆子在裡面會繼續發酵。

鹽烤鮭魚
SAUMON GRILLÉ AU SEL
塩鮭

4人份

準備時間5分鐘＋放置2小時
烹飪時間10分鐘

4小片鮭魚 （最好是有機鮭魚）
4咖啡匙的天然粗鹽
1段3公分長的白蘿蔔，磨成泥

在鮭魚的兩面抹鹽，用保鮮膜包起來，至少醃2小時，能夠醃一整晚更好。把魚肉上的水分擦乾。將烤箱的溫度設定在200℃，放進鮭魚，烤大約10分鐘（根據鮭魚片的大小來調整時間）。

兩種口味的涼拌豆腐（右頁），以及紫蘇葉（左頁）

豆腐 T O F U

涼拌豆腐
HIYAYAKKO
冷や奴

小黃瓜七味粉口味
4人份

準備時間10分鐘

* 嫩豆腐

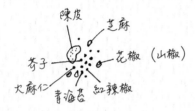

富含水分，口感滑嫩。

1塊300克的嫩豆腐＊
1/2 條小黃瓜
3公分長的韭蔥蔥白
2咖啡匙的細鹽
1湯匙的魚露
1咖啡匙的蔗糖
3湯匙的麻油
2湯匙的米醋
1公分長的薑，去皮
1小撮七味粉＊＊

小黃瓜切成邊長0.5公分的小丁，加點鹽拌一下，放個5分鐘。用雙手輕壓黃瓜丁，把水分擠出。把韭蔥和薑切碎。在一個小碗內，將小黃瓜、韭蔥、薑和其他的調味料充分混合。把整塊豆腐切成4份，每一份各自擺在一個碟子裡，要吃的時候再淋上滿滿1湯匙的黃瓜丁。

柴魚紫蘇口味
4人份

＊＊＊ 紫蘇

準備時間10分鐘

在日本很常見的香？

1塊300克的嫩豆腐＊
2片紫蘇＊＊＊
4小撮柴魚片
4湯匙的醬油

把豆腐切成4份。將紫蘇葉細細切碎。將每份豆腐各自擺在一個碟子上，撒上紫蘇和柴魚片。要食用前，每一碟各淋上1湯匙醬油。

──對這道菜來說，豆腐的質地非常重要。最好是選擇水分較多的嫩豆腐，在有機商店就買得到。請注意，還有別種豆腐比嫩豆腐更扎實、更硬。如果買不到嫩豆腐，也可以用中國豆腐代替。豆腐的水分很多，一旦淋上醬汁，很快就會化掉，最好是要吃的時候才淋醬汁。

＊＊ 七味粉
混合了7種日本香料

陳皮
芝麻
芥子
花椒（山椒）
火麻仁 青海苔 紅辣椒

豆腐是由豆漿凝結而成，通常是塊狀的，味道相當清淡而微妙。

製作方法

製作者必須一大早就開始準備做豆腐，才能賣給人當早餐。先從製作豆漿開始：黃豆前一晚先泡水，磨碎後加水混合，用布過濾之後的汁液稱為豆漿，剩下來的則是豆渣。製作豆腐必須在豆漿中加入凝結劑（鹹或酸的成分），豆漿才能凝結成型。傳統上使用的凝結劑鹽滷（氯化鎂），是從海鹽提煉出來的。將凝結的豆漿倒入模子以前，必須先把乳清去掉。（譯注：作者沒提到煮沸的步驟，豆漿加鹽滷之前要先煮過。）

不同的豆腐

豆腐基本上有兩種。嫩豆腐柔軟，像絲絹般滑嫩，富含水分，可以生吃（沾醬油的涼拌豆腐），也可以用來煮味噌湯。老豆腐比較扎實，可以和肉一起煎、油炸後浸泡柴魚昆布高湯（揚出豆腐）、在火鍋裡慢慢燉煮，或是壓碎揉成丸子再油炸（飛龍頭）。

（左頁）位於根津地區的豆腐店
（右頁）油炸豆皮

築地市場 TSUKIJI

築地市場位於東京，是全世界最大的魚市場，其實它販售的商品不僅限於海鮮。築地市場包括場內市場和場外市場，場內市場天天營業（譯注：築地市場有公休日），做的是批發生意，在9點以前只對業者開放。一般消費者從早上5點起就可以去逛場外市場。為了服務市場內的員工，這裡的餐館很早就開始做生意。築地市場最有名的是壽司非常新鮮，而且價格不貴，因此吸引了大批遊客。

午餐
OHIRU
お昼

日本人的午餐做起來容易，吃也花不了多少時間。
麵條、米飯、魚和肉是便當外帶和餐廳內用的基本
食材。丼飯：配料底下鋪一層飯。蕎麥麵：有炒麵
或水煮麵，日本從北到南，麵條的顏色都不一樣。
家母來自南部的九州島，她煮的高湯色澤清澈。我
在東京長大，當我第一次在餐廳吃烏龍麵時，看見
麵條隱沒在黑色高湯裡，真的嚇了一跳。

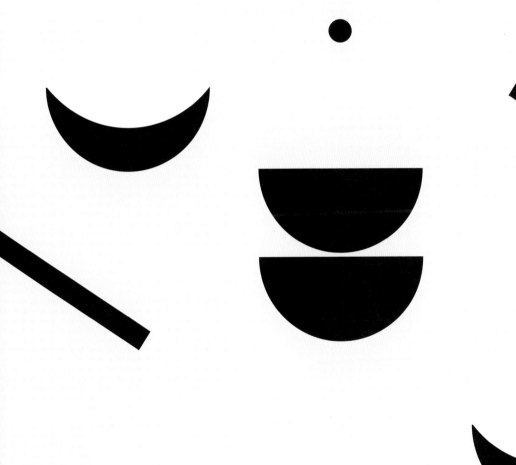

蕎麥麵
ZARU SOBA
ざる蕎麦

4人份

準備時間10分鐘
烹飪時間30分鐘

麵沾醬 *
400毫升的水
150毫升的味醂
200毫升的醬油
1咖啡匙的蔗糖
1小撮碎柴魚片
5×5公分的昆布
350～400克的蕎麥麵條
3公分長的白蘿蔔，削皮磨成泥
3公分長的薑，削皮磨成泥
1/2 片海苔，切成細長條
1根細香蔥或3公分長的韭蔥（取蔥白），切成細細的蔥花
山葵醬

準備麵沾醬。把所有的材料放進鍋裡，用小火煮20分鐘。熄火。麵沾醬放在冰箱裡可以保存兩個星期。建議您準備2倍的份量，它可以當成素麵（參考第244頁）的沾醬，或者加柴魚昆布高湯稀釋，作為烏龍麵和蕎麥麵的熱湯。按照麵條外包裝上的說明將蕎麥麵煮熟。將麵條撈起瀝水，放在濾網上，拿到水龍頭底下沖冷水，同時立刻以手搓揉麵條，這個動作至少要進行20秒，才能去除多餘的澱粉。再一次將麵條瀝乾。

將麵條裝在編織的竹簍上或者個人的碟子裡，再撒上海苔絲。麵沾醬裝在一個小碗內，如果您喜歡，也可以加水稀釋。要吃的時候加入山葵醬和蔥花。麵條末端沾一下沾醬，入口品嘗。

＊麵沾醬
＝用來沾麵條的醬

麵條末端沾
一下沾醬

鴨肉蕎麥麵
KAMO SOBA
鴨蕎麦

4人份

準備時間10分鐘
烹飪時間25分鐘

麵湯
1.2公升的柴魚昆布高湯（參考第12頁）
5湯匙的醬油
5湯匙的味醂

2根韭蔥（取蔥白）
1塊鴨胸肉（約300克）
1/2湯匙的植物油
350～400克的蕎麥麵條
5公分長的白蘿蔔（或1/2條黑蘿蔔），削皮磨成泥
4塊柚子皮*

將鴨胸肉切成厚度0.7公分的肉片，韭蔥切成3公分長的蔥段。油倒入鍋內加熱，放入韭蔥以大火翻炒，待蔥白表面出現焦黃色即可，不必炒到全熟。接著放入鴨肉片，兩面稍微煎一下，當鴨肉開始變色，倒入煮湯用的所有材料。湯滾了之後轉小火，繼續煮3分鐘左右。在煮湯的同時準備煮麵。按照外包裝上的說明將蕎麥麵條煮熟，瀝水之後，分別裝進大碗裡。把湯倒進碗裡，鴨肉和蔥段擺上去，並加入柚子皮和蘿蔔泥作為點綴。

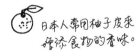

米 柚子

日本人常用柚子皮來
增添食物的香味。

咖哩烏龍麵
UDON AU CURRY
カレーうどん

4人份

準備時間15分鐘
烹飪時間15～20分鐘

320克的烏龍麵條（或4包熟烏龍麵）
200克豬胸肉，切成薄片
1顆洋蔥
1湯匙的植物油
細香蔥，切成蔥花

<u>高湯</u>
1.2公升的柴魚昆布高湯（參考第12頁）
1湯匙的味醂
1湯匙的醬油
4塊紅咖哩塊（微辣、中辣或大辣皆可）

洋蔥剝去外皮切成兩半，再切成0.5公分的薄片。豬肉切成3公分寬的肉片。在大鍋裡熱油（之後就用同一個鍋子煮4人份的醬汁），用中火炒肉片，炒到肉的顏色變白，加入洋蔥繼續炒1分鐘，接著把高湯、味醂和醬油倒進鍋裡煮。湯煮滾之後，轉小火繼續加熱，直到洋蔥變軟為止。把紅咖哩塊弄碎，倒入高湯裡持續攪拌，再多煮3分鐘。隨著紅咖哩塊均勻融化，湯也會變得濃稠。
按照外包裝上的說明將麵條煮熟，麵條瀝水後分別放入碗裡。把湯倒入碗裡，撒上蔥花趁熱食用。

牛肉烏龍麵
NIKU UDON
肉うどん

4人份

準備時間15分鐘
烹飪時間15〜20分鐘

320克烏龍麵條（或4包熟烏龍麵）

麵湯
1.2公升柴魚昆布高湯（參考第12頁）
3湯匙的味醂
3湯匙的醬油
1咖啡匙的鹽
2湯匙的清酒

牛肉（用加糖的醬汁燉煮）
400克的牛肉片（帶適量的肥肉）
200克的柴魚昆布高湯
2湯匙的醬油
1湯匙的蔗糖
2湯匙的味醂

1根蔥，切成細細的蔥花

牛肉切成3公分寬的肉片。將牛肉、醬油、糖和味醂放入鍋裡，以中小火拌炒。加入高湯，繼續以小火燉5分鐘。在湯鍋裡加入所有湯的用料，煮滾。按照外包裝上的說明將麵條煮熟，麵條瀝水後分別放入碗裡。把湯倒入碗裡，牛肉片鋪在麵條上，並撒上蔥花，趁熱食用。

拉麵
RÂMEN
ラーメン

1人份

準備時間10分鐘＋放置時間2小時
烹飪時間15分鐘＋準備製作滷肉所需的時間

4塊滷豬肉（參考第232頁）
1顆熟蛋
1段2公分長的韭蔥蔥白，斜切成細蔥絲
1湯匙的麻油
1咖啡匙的醬油
胡椒
細香蔥
100克拉麵麵條

高湯
400毫升的水
4湯匙的滷豬肉滷汁
1湯匙的魚露
胡椒

先準備配料。將滷豬肉切成厚度1公分的肉塊。把蛋煮熟。如
果還有滷汁，把熟蛋放在滷汁裡浸2小時。將韭蔥絲、麻油、
醬油和胡椒倒進小碗裡，拌勻。在湯鍋裡倒入高湯的所有材
料，用中火煮滾之後，轉小火保溫。
按照外包裝上的說明將麵條煮熟，充分瀝水。請注意，拉麵
煮好要馬上吃，否則口感和味道都會變差。將麵條放入大碗
裡，倒入熱熱的高湯，擺上配料並撒點胡椒，趁熱食用。雖
然很燙，但拉麵就是要這樣才好吃。

日式炒麵

YAKISOBA

焼きそば

4人份

準備時間15分鐘
烹飪時間10分鐘＋若有必要再加上煮麵的時間

4包拉麵麵條（重量約250克），或4包蒸熟麵（重量約520克）
1顆洋蔥
1片高麗菜
200克的豬胸肉薄片

醬汁
3湯匙的豬排醬
1.5湯匙的蠔油
1咖啡匙的魚露
3湯匙的葵花油
4顆蛋
幾撮青海苔*

洋蔥剝去外皮切成兩半，再切成0.3公分的薄片。高麗菜切成小片，每片約一口大小。按照外包裝上的說明將麵條煮熟、瀝水。如果用蒸熟麵，可以省略這個步驟。取大平底鍋，在鍋裡加熱1湯匙的葵花油，用中火炒洋蔥。等洋蔥變透明，加入肉片繼續炒2分鐘。加入高麗菜，再炒1分鐘。將炒好的配料盛起備用。平底鍋洗乾淨並重新加熱，倒入2湯匙葵花油，以中火炒麵炒2分鐘，使麵條均勻沾到油，不會黏住。等麵條炒到油亮時，加入先前的豬肉、蔬菜等配料，倒入醬汁。將所有的材料拌勻，分別裝在每個人的盤子上。將煎好的荷包蛋擺在麵條上，撒上青海苔。

＊青海苔
粉狀的綠色海苔，通常裝在錐形瓶裡。

蕎麥麵師傅 MAÎTRE SOBA

03

師傅正在用蕎麥的麵粉製作
蕎麥麵。
他用好幾根擀麵棍,將麵團
擀平、捲起來再擀平。
他先將麵粉撒在一整片麵團
上,再把麵團摺成3層,然後
開始切麵條。

04

01

02

05

06

09

07

08

10

煮蕎麥麵 CUISSON SOBA

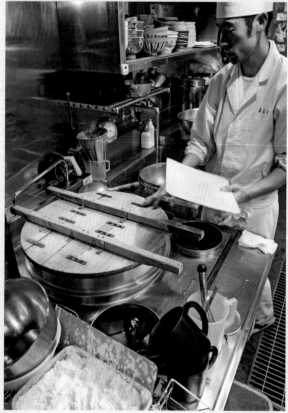

日式炒飯
CHA-HAN
チャーハン

4人份

準備時間5分鐘
烹飪時間10分鐘

4碗飯（冷飯或微溫的飯，參考第10頁）
1根韭蔥，切成細細的蔥花
5顆蛋
1湯匙＋一點醬油
1湯匙的魚露
1小撮鹽
1湯匙的清酒
4湯匙的葵花油

準備炒蛋：在大碗裡把蛋打散。炒鍋以中火加熱，倒入2湯匙的葵花油，再把蛋汁倒進去，用鍋鏟大略攪一攪，使蛋散開。雞蛋不必完全炒熟就熄火，盛起備用。準備炒飯：冷飯往往黏成一團，在下鍋炒飯之前，先想辦法把冷飯弄鬆，讓飯粒不會黏在一起。

將炒蛋的鍋子重新加熱，準備炒飯。如果鍋子不夠大，飯可分兩次炒（不然的話炒出來的飯會太黏）。倒入2湯匙的葵花油，等油熱了就把飯倒進鍋裡，用鍋鏟不停地翻炒。當飯粒都已沾到油並且完全鬆開，加入蔥花和炒蛋，繼續用大火翻炒。加入醬油、魚露、鹽和清酒等調味料，最後起鍋以前，再沿著鍋邊淋一點醬油，微焦的醬汁可讓炒飯變得更香。

午餐

雞肉雞蛋蓋飯
OYAKO DON
親子丼

4人份

準備時間15分鐘
烹飪時間7分鐘（每1人份）

250克的雞肉
8顆蛋（每人2顆）
1段韭蔥的蔥白
200毫升的柴魚昆布高湯（參考第12頁），或水
1湯匙的糖
3湯匙的醬油
3湯匙的味醂＊
4碗飯（參考第10頁）
點綴用的海苔片與細香蔥的蔥花

把雞肉切成3×3公分的雞塊，韭蔥斜切成1公分長的蔥段。在一個大碗裡打蛋。在平底鍋裡放入高湯和韭蔥，用中火煮滾。加入雞肉、糖、味醂和醬油繼續煮，直到韭蔥變透明，雞肉被煮熟。把蛋汁倒入鍋裡，當蛋白開始變熟，蓋上鍋蓋多煮30秒。熄火，不掀鍋蓋再燜一下，如此一來雞蛋不會太熟，口感更鬆軟。
在每個人的大碗裡盛飯，讓雞肉和蛋滑進碗裡覆蓋在飯上，小心不要把蛋弄破。（這個步驟有點難，因為半熟的蛋容易破。用小平底鍋一次做1人份，比較容易成功。）撒上海苔片和蔥花作為點綴，趁熱食用。

——做這道菜，如果一次煮1人份的蛋，結果會比較令人滿意。將所有的配料分成4份，用小平底鍋煮蛋。您也可以用大平底鍋，最後才把蛋分成4份。

＊ 味醂
不辛辣而且帶有甜味的清酒，被當成調味料。

炸蝦蓋飯

TENDON
天丼

4人份

準備時間30分鐘
烹飪時間30分鐘

8隻大蝦
1/2條茄子
1/4顆黃地瓜
1/2顆青椒
4碗飯（參考第10頁）
1片海苔

天婦羅（炸物）麵糊
1顆雞蛋
1/2杯麵粉
1/2杯冷水
植物油

沾醬
2撮柴魚片[*]
100毫升的醬油
100毫升的味醂
2湯匙的蔗糖蝦
1片昆布（大約4×4公分）
2杯水

將沾醬的全部材料倒入鍋裡煮滾。用小火繼續熬15分鐘後把渣濾掉。這種沾醬放在冰箱裡可以保存3個星期。在大碗裡打蛋，加水拌勻，然後倒入麵粉輕輕攪拌，不要攪成糊，維持有粉的狀態，炸的麵衣才會酥脆。放進冰箱裡備用。剝掉蝦殼，但保留蝦尾的部分。劃開蝦的背部挑掉黑線，腹部也稍微劃一下，蝦炸熟後才不會彎曲。將地瓜切成片，每片厚度約0.7公分，青椒和茄子各切成4條。在鍋裡將油加熱到170℃，蔬菜裹麵糊後下鍋油炸，炸好了就擺在餐巾紙上瀝油。將油的溫度提高到180℃，蝦一隻接一隻裹麵糊（只限蝦肉部分，不含蝦尾）後下鍋油炸，炸好了就擺在餐巾紙上瀝油。在每個人的大碗裡盛飯，淋上1湯匙的醬汁，將1/4片的海苔、炸蔬菜和炸蝦鋪在飯上，最後再淋上2湯匙的醬汁。

＊柴魚片
刨成薄片狀
的鰹魚乾

鮪魚酪梨蓋飯
MAGURO AVOCAT DON
マグロアボカド丼

4人份

準備時間25分鐘

250克的新鮮鮪魚
4碗飯（參考第10頁）
1顆夠熟的酪梨
1片海苔

醃料
4湯匙的醬油
2湯匙的味醂
1/2湯匙的麻油
1小瓣大蒜

預先將海苔片撕成1×1公分的小片。大蒜磨成泥，和醬油、
味醂、麻油調製成醃料。把鮪魚切成邊長2公分的方塊，醃15
分鐘。在即將食用前，將酪梨切成邊長2公分的小塊。在大碗
裡盛飯，將鮪魚和酪梨鋪在飯上，再淋上1湯匙的醃料。撒上
海苔片點綴。

—最後才切酪梨，以免氧化。

拿波里義大利麵
SPAGHETTIS À LA NAPOLITAINE
ナポリタン

4人份

準備時間15分鐘
烹飪時間15分鐘

360克的義大利麵（直徑1.7公釐）
1顆洋蔥
1/2顆青椒與1/2顆紅椒
6朵蘑菇
100克的豬肉腸（例如法蘭克福香腸）
30克的奶油
160克的番茄醬
帕瑪乾酪粉
粗鹽
胡椒

洋蔥切成寬約0.5公分的長條，青椒和紅椒去籽，切成和洋蔥大小相當的長條。蘑菇洗淨切片，厚度約0.5公分。肉腸切成圓片狀。根據外包裝上標示的時間煮義大利麵。加熱平底鍋使奶油融化，加入洋蔥、青椒、蘑菇和肉腸，將這些配料炒到微焦，加入義大利麵繼續拌炒，再加入番茄醬、鹽和胡椒，將調味料充分拌勻。將麵分配到各人的盤子上，撒上帕瑪乾酪粉，趁熱食用。

鱈魚子義大利麵
SAPGHETTIS AU TARAKO
タラコスパゲッティー

4人份

準備時間5分鐘
烹飪時間8分鐘

400克的義大利麵（直徑1.7公釐）
50克的加鹽奶油
100克的鱈魚子 *
1片紫蘇（或九層塔），切碎
鹽

在鹽水裡煮義大利麵。煮麵的同時，在一個沙拉碗裡將魚子去膜。加入奶油。煮好的麵條瀝水之後，放入沙拉碗裡。將所有的材料混和均勻。把麵分配到各人的盤子上，以紫蘇點綴，趁熱食用。

＊鱈魚子
鹹的鱈魚卵或黃綠狹鱈魚卵

在醃製時加入辣椒的就稱為明太子。

握壽司
NIGIRI ZUSHI
にぎり寿司

4人份

準備時間30分鐘＋準備醋飯的時間

配料
4隻大蝦
4湯匙的鮭魚卵
1塊大約4×5公分非常新鮮的鮪魚
4片非常新鮮的竹筴魚
1片非常新鮮的金頭鯛

用2杯米煮成的醋飯（參考第237頁）
1片海苔
山葵醬
1/2半碗水和1/2碗醋調成的壽司醋
醬油

鮪魚切成厚度1公分，寬度2.5公分，長度5公分的魚片。鯛魚也切成同樣的尺寸。剝掉竹筴魚的皮。按照第236頁的食譜來處理大蝦。
用手捏出橢圓形的小飯糰（總共20個）。準備好鮪魚、竹筴魚、鯛魚和大蝦。取一片魚肉放在手掌上，魚肉中央沾一點山葵醬，再把飯糰擺上去。把飯糰和魚片倒過來，變成魚片朝上。用食指和中指輕壓魚片的中央。用拇指和中指將壽司的邊緣捏緊（壽司始終擺在手掌上），再用食指微壓壽司，把表面壓平。製作鮭魚卵壽司，先將海苔片裁成3.5×20公分的長方形。用海苔把飯糰圍一圈，用一顆飯粒黏住海苔片的邊緣。把鮭魚卵擺在飯糰上。沾醬油食用。

豆皮壽司（稻荷壽司）
INARI ZUSHI
いなり寿司

4人份

準備時間30分鐘＋準備醋飯的時間
烹飪時間20分鐘

8塊油炸豆皮*
200毫升的柴魚昆布高湯 （參考第12頁）
3湯匙的蔗糖
3湯匙的醬油
1湯匙的味醂
用2杯米煮成的醋飯（參考第237頁）

將長方形的油炸豆皮切成2個方塊。把豆皮撐開成為口袋狀。
在鍋裡倒入份量足夠的水，煮滾之後將豆皮放入鍋裡煮2分
鐘，除去多餘的油。讓豆皮瀝水，並趁它還溫熱時，用雙掌
輕壓，把水和油擠掉。將柴魚高湯、醬油、糖和味醂放入鍋
裡煮滾。放入豆皮，蓋上鍋蓋，用中火繼續煮10～15分鐘，
等豆皮充分吸收醬汁後就可以熄火。放涼備用。
以醋水沾濕雙手。將豆皮撐開成為口袋狀，抓一小把醋飯塞
進去。一開始先拿少量的飯，斟酌壽司的尺寸，豆皮的邊緣
留一點空隙。將豆皮的邊緣摺起來封住。將豆皮壽司的開口
朝下，擺在碟子上。您可以直接吃原味，不沾醬油。

＊油炸豆皮
長方形的油炸豆
腐皮。

豬排三明治
KATSU SANDO
カツサンド

4人份

準備時間15分鐘＋準備炸豬排的時間

4塊炸豬排（參考第210頁）
8片吐司麵包
4湯匙的美乃滋
2～3湯匙的傳統芥末醬
1/4條小黃瓜切片
4湯匙的豬排醬

高麗菜沙拉
1/6顆高麗菜
1湯匙的橄欖油
幾片香草葉（紫蘇、薄荷、芫荽……）
1/2顆有機檸檬榨汁
1小撮鹽

先製作高麗菜沙拉。用廚房刨刀將高麗菜切成細絲。將香草切碎。將高麗菜、橄欖油、香草、檸檬汁和鹽在沙拉碗裡拌勻，靜置5分鐘。烤好吐司麵包。在兩片麵包上塗抹芥末醬和美乃滋。在一片麵包上依序鋪上小黃瓜片、1塊豬排、1/4份的高麗菜沙拉，然後覆蓋一層麵包。每個三明治都重複同樣的步驟。

照燒雞肉漢堡
BUGER DE POULET TERIYAKI
照り焼きバーガー

4人份

準備時間20分鐘
烹飪時間5分鐘

照燒雞肉
4塊去骨的雞大腿肉
2湯匙的醬油
2湯匙的味醂
1咖啡匙的蜂蜜
麵粉

高麗菜沙拉
1/4顆紫色高麗菜
1/2根胡蘿蔔（又稱紅蘿蔔），去皮
1/8顆紫洋蔥
1湯匙的米醋
1湯匙的橄欖油
1湯匙的蔗糖
1湯匙的鹽
1湯匙的美乃滋

配料
1/2顆洋蔥，切成細洋蔥圈
幾片萵苣（生菜）
3咖啡匙的番茄醬
滿滿4咖啡匙的美乃滋
4個漢堡包，切成兩半

準備照燒雞肉。將醬油、味醂和蜂蜜倒進小碗裡拌勻。在雞肉上撒一點麵粉。在平底鍋裡加熱1湯匙的油，先將雞肉的兩面煎3分鐘，再倒入醬汁。繼續加熱使醬汁滾沸變濃稠，並翻動雞肉，讓各部位都沾到醬汁。將紫高麗菜和紫洋蔥切成很薄的薄片，胡蘿蔔切成細長條，和高麗菜沙拉的其他調味料拌勻。漢堡麵包放進烤箱裡烤過後，依序擺上萵苣、美乃滋、雞肉、高麗菜沙拉、洋蔥圈和番茄醬。

食物模型 SHOKUHIN SANPURU

日本人喜歡眼見為憑，在用餐前先看到食物的模樣。

供應經典菜色的餐廳會去買現成的食物模型擺在櫥窗裡展示。這種東西並不便宜，一個披薩模型就要100歐元，完全是手工製作的。

如今有許多餐廳經常更換菜單，推出原創的菜色。他們需要特別訂做食物模型，才能忠實呈現他們的餐點。如此一來就得花更多的錢。所以食物模型逐漸被照片取代了。

便當
BENTOS
弁当

便當的內容包含蛋白質、新鮮或醃漬蔬菜,還有飯。有時候會做成飯糰的形式。它是工人、學生或旅客的用餐選擇。每個大型車站都有專屬的車站便當,隨著季節的變化,也會推出應景的野餐便當。欣賞盛開的美麗櫻花時,我們品嘗花見便當。日本傳統的歌舞伎劇場,也有自己專屬的幕內便當,供觀眾在中場休息時享用。

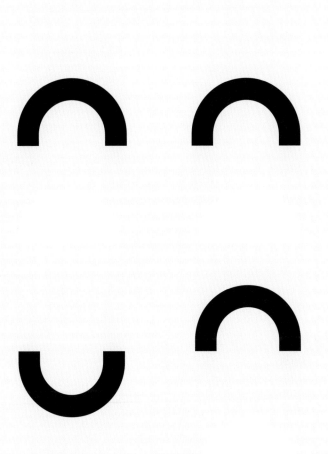

賞花飯盒
BENTO HANAMI
花見弁当

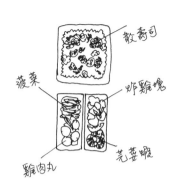

4人份

準備時間1小時
烹飪時間1小時
放置時間3小時＋煮飯的時間

散壽司

準備時間30分鐘
放置時間3小時
烹飪時間20分鐘＋準備醋飯的時間

配料

1/2束油菜花＊或芝麻菜

1咖啡匙的鹽

1截蓮藕（約200克）＋1湯匙的米醋

5～6朵乾香菇

1根胡蘿蔔

3湯匙的醬油

1湯匙的糖

1湯匙的米醋

2湯匙的味醂

100毫升的柴魚昆布高湯

100毫升的泡香菇水（參考食譜）

1湯匙的冷壓初榨麻油

4顆蛋

1湯匙的糖

1湯匙的醬油

葵花油

1罐鮭魚卵（約100克）

2湯匙的烤芝麻粒

以3杯米煮成的醋飯（參考第237頁）

乾香菇放在碗裡泡水，蓋上蓋子在室溫下至少放置3小時。等香菇泡軟，把水分擠出，但泡香菇的水留著不要倒掉。您可以前一晚先泡香菇，把碗收進冰箱。香菇去掉蒂頭，切成厚度0.5公分的薄片。蓮藕去皮切成圓形薄片（0.2公分），放進水裡並加入1湯匙的醋，浸泡10分鐘，取出瀝水備用。將胡蘿蔔切成3公分長的小段，然後切成細絲。

在鍋裡以中火將麻油加熱後，放入蓮藕、香菇和胡蘿蔔，先炒1分鐘，再倒入高湯、香菇水、味醂、3湯匙的醬油、1湯匙的糖和醋，轉小火煮15分鐘左右，並不時攪拌。當湯汁開始收乾變稠，熄火冷卻備用。在碗裡打蛋，加入糖和醬油拌勻。加熱平底鍋之後，倒入薄薄一層葵花油，將多餘的油吸掉。重複煎幾次蛋皮。將所有的蛋皮疊在一起，切成3份，再切成細長條。準備一大碗冷水加點冰塊。在鍋裡用滾沸的鹽水將油菜花汆燙1分鐘。取出瀝水後，放進冰水裡快速冷卻。重新瀝水並用雙掌輕壓，讓油菜花脫水。切成3公分長的小段。

將2/3份量的蓮藕、香菇、胡蘿蔔、蔬菜醬汁和芝麻，與醋飯拌在一起。將拌好的飯裝進大的便當盒裡，再將其他的煮好的蔬菜鋪在飯上，並加上蛋皮、鮭魚卵和油菜花作為點綴。

＊油菜花
和芥菜花很像，在市場裡就買得到。

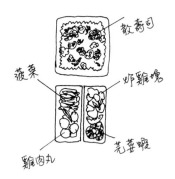

芝麻醬拌菠菜

準備時間5分鐘
烹飪時間2分鐘

150克的菠菜（葉與根）
1咖啡匙的鹽
1湯匙的醬油
1咖啡匙的蔗糖
1湯匙的白芝麻醬
1咖啡匙的烤芝麻粒

菠菜入滾沸的鹽水中燙1分鐘，撈出瀝水，並以雙掌輕壓令菠菜脫水。切成3公分長的小段。醬油、芝麻醬和芝麻先在碗裡拌勻，再放入菠菜。

雞肉丸

參考第184頁，將材料的份量減半，做成比較小顆的雞肉丸（直徑約3公分）。

芫荽蝦

4人份

準備時間15分鐘
烹飪時間4分鐘

12隻大蝦
粗鹽

調味的醬汁
1/2束芫荽
1小塊薑
1/2瓣大蒜
2湯匙的魚露
1撮蔗糖
100克的冷壓初榨麻油或葵花油
1/4顆綠檸檬，榨汁

將調味汁的所有材料切碎拌勻。蝦去頭剝殼保留蝦尾，稍微劃開背部挑出黑色腸泥，放進加了粗鹽的滾水裡燙熟。瀝水後淋上3湯匙的調味汁拌勻。

炸雞塊

參考第150頁，將材料的份量減半，做成比較小的炸雞塊（邊長約3公分）。

鮮魚飯盒
BENTO POISSON
魚弁当

2人份

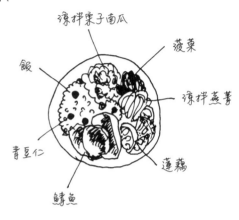

涼拌栗子南瓜
菠菜
飯
涼拌蕪菁
青豆仁
蓮藕
鯖魚

酥炸醃漬鯖魚

準備時間5分鐘
烹飪時間10分鐘

2片鯖魚（約200克）
1咖啡匙的薑泥
2咖啡匙的醬油
4湯匙的馬鈴薯粉
葵花油

將每片鯖魚切成3塊，放在小碗裡用醬油和薑泥醃10分鐘。用餐巾紙擦乾。魚片先沾粉再放進小鍋裡油炸，起鍋後瀝油。

涼拌蕪菁與黃甜菜根

準備時間5分鐘
烹飪時間20～30分鐘

1顆蕪菁（大頭菜）
1顆黃色甜菜根
1咖啡匙的未精製鹽
1咖啡匙的麻油
1咖啡匙的米醋

將甜菜根煮熟，削皮後以廚房刨刀切成薄片。用同樣的方式將蕪菁切成薄片。加入其他的調味料拌勻。

青豆仁飯

準備時間5分鐘
烹飪時間5分鐘

2碗白飯（份量參考第10頁）
50克的青豆仁
1咖啡匙的鹽

用鹽水將青豆仁煮熟，瀝水後和白飯拌勻。

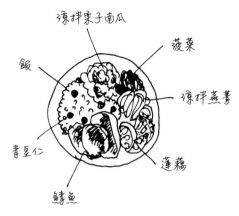

涼拌栗子南瓜
飯
菠菜
涼拌蕪菁
青豆仁
蓮藕
鯖魚

日本芥末醬拌菠菜

準備時間5分鐘
烹飪時間2分鐘

150克的菠菜（葉與根）
1咖啡匙的鹽
1湯匙的醬油
1咖啡匙的日本芥末醬

菠菜在滾沸的鹽水中燙1分鐘，撈出瀝水，並以雙掌輕壓使菠菜脫水。切成3公分長的小段。先把醬油和芥末醬在碗裡拌勻，再放入菠菜。

涼拌栗子南瓜

準備時間5分鐘
烹飪時間10分鐘

200克的栗子南瓜＋100毫升的水
1湯匙的黑色葡萄乾
4片薄荷葉切碎
滿滿1咖啡匙的切碎洋蔥
1湯匙的美乃滋
1咖啡匙的橄欖油
1/8顆有機檸檬榨汁
1撮鹽
1小撮咖哩粉
1小撮糖

將栗子南瓜削皮，切成2×2公分的小塊。在小鍋裡放入100毫升的水和南瓜，蓋上鍋蓋用中火加熱，利用鍋內的蒸氣將南瓜燜熟。如果水都蒸發了，南瓜還沒熟，就再加點水。趁熱時和其他材料拌勻，美乃滋除外。等南瓜涼了，再放美乃滋下去拌勻。

油炸蓮藕拌芝麻

準備時間10分鐘
烹飪時間10分鐘

1截6公分長的蓮藕
1湯匙的芝麻粒
1湯匙的醬油
葵花油

將蓮藕削皮，剖成兩半，再切成厚度0.7公分的藕片。在水裡浸泡5分鐘，取出瀝水，用餐巾紙把水分吸乾。在小鍋裡倒入深度2公分的油，加熱到170℃。將蓮藕放進鍋裡油炸，直到表面出現美麗的焦黃色。瀝油後放入碗裡，加入醬油和芝麻拌勻。

肉排飯盒
BENTO VIANDE
肉弁当

1人份

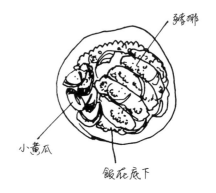

豬排

小黃瓜

飯在底下

日式豬排飯

準備時間10分鐘
烹飪時間10分鐘
＋豬排的準備時間（15分鐘）
與烹飪時間（7分鐘）

1塊炸豬排（作法參考210頁）
2顆蛋
1/4顆洋蔥
50毫升的柴魚昆布高湯（或水）
1咖啡匙的糖
1湯匙的醬油
1/2湯匙的味醂
1碗飯
作為點綴的七味粉*

將炸豬排切成幾塊，每塊約2公分寬。在碗裡打蛋。洋蔥剝去外皮，切成0.5公分的薄片。在小平底鍋裡放入高湯和洋蔥，用中火煮滾，加入糖、味醂和醬油繼續煮，直到洋蔥變軟。加入切塊的豬排，再多煮2分鐘。把蛋汁倒入鍋裡，當蛋白開始變熟，蓋上鍋蓋多煮30秒。熄火，不掀鍋蓋再燜一下。（如此一來雞蛋不會太熟，口感更鬆軟。）
在便當盒裡盛飯，讓豬排和蛋滑到飯上，小心不要把蛋弄破。這個步驟有點難，用小平底鍋一次做1人份，比較容易成功。

✳ 七味粉
混合7種日本香料
（陳皮、芝麻、花椒、紅辣椒……）

鹽漬小黃瓜

準備時間5分鐘

1段長約3公分的斜切小黃瓜，再切成4片
1咖啡匙的鹽
1塊1公分的昆布
1小片薑，切成薑絲

在小碗裡將所有的材料拌勻，醃5分鐘後，把滲出的水倒掉。這道小黃瓜可作為炸豬排的配菜。

根津松本

商い中

☎03-5913-7354

蔬菜飯盒
BENTO DE LÉGUMES
野菜弁当

1人份

準備時間10分鐘
烹飪時間10分鐘

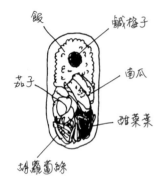

飯
鹹梅子
茄子
南瓜
甜菜菜
胡蘿蔔絲

味噌茄子

準備時間3分鐘
烹飪時間5分鐘

1/2根茄子切成邊長2公分的方塊
1/4顆青椒去籽切成邊長2公分的方塊
3湯匙的水
1湯匙的味噌
1湯匙的味醂
1咖啡匙的蔗糖
1湯匙的麻油

味噌、味醂和糖先在小碗裡拌勻。以小火加熱小平底鍋裡的
油,放入茄子炒1分鐘,加水並蓋上鍋蓋,繼續煮到茄子變
軟。加入青椒和味噌等調味料,拌炒均勻之後熄火。

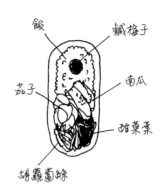

飯　鹹梅子
茄子　南瓜
甜菜葉
胡蘿蔔絲

炒甜菜葉

準備時間3分鐘
烹飪時間3分鐘

1把甜菜葉（葉與莖），洗淨並切成3公分的小段（您
　也可以用菠菜來取代）
1咖啡匙的橄欖油
1咖啡匙的蠔油
胡椒

以中火加熱平底鍋裡的油，將莖和葉放入鍋裡炒熟，加
入蠔油和胡椒調味，熄火。

胡蘿蔔絲

準備時間5分鐘

1/2根胡蘿蔔削皮刨成絲
1咖啡匙的麻油
1咖啡匙的米醋
1/2咖啡匙的醬油
1把葵瓜子
1咖啡匙的葡萄乾

將所有的材料在碗裡拌勻，醃5分鐘。

烤南瓜

準備時間3分鐘
烹飪時間8分鐘

4片南瓜（削去皮並切成0.5公分厚的薄片）
滿滿1湯匙的麵包粉
1撮鹽
1咖啡匙的醬油
1咖啡匙的蜂蜜
1咖啡匙的葵花油

烤箱預熱到180℃。將蜂蜜、油和醬油在碗裡拌勻，再
把南瓜片加進去拌。將南瓜鋪在烤盤上，上面撒麵包
粉。烤8～10分鐘。

梅子飯

準備煮飯的時間

1碗飯（參考第10頁）
1顆鹹梅子

把鹹梅子放在煮熟的飯中央。在日本超市可以買到鹹梅
子。這種梅子經常出現在便當裡，因為它有殺菌的功
效。梅子被視為有益健康的食品，因為它可以讓血液保
持鹼性。

飯糰 ONIGIRI

作法

4～6人份
1顆大飯糰＝2顆小飯糰＝1碗飯

1. 雙手用水沾濕。
2. 在手上撒一撮未精製鹽。
3. 把飯擺在一隻手上
4. 把您喜歡的配料放在飯的中間（不論什麼配料）
5. 用另一隻手做成飯糰，把配料往裡面壓。若有需要，加一
   點飯把配料蓋住。
6. 把飯糰做成三角形，調整每個角的角度。

01

03

02

04

05

07

06

08

09

不同口味的飯糰
ONIGIRI VARIÉS
お握り

4～6人份

薑燒豬肉飯糰

8顆小飯糰

準備時間5分鐘
烹飪時間10分鐘

200克的豬胸絞肉
1段2公分的薑，細細切碎
1湯匙的醬油
2咖啡匙的蔗糖
1湯匙的味醂
2湯匙的清酒
胡椒
油
4碗飯（參考第10頁）

在小鍋裡用中火熱油，把豬肉和薑放下去炒。等豬肉開始變色，加入其他的調味料。繼續用鍋鏟拌炒，直到醬汁幾乎收乾，再和飯拌在一起，按照第94頁的作法做成飯糰。

紫蘇香鬆雞蛋飯糰

8顆小飯糰

準備時間5分鐘
烹飪時間5分鐘

2顆雞蛋
1咖啡匙的蔗糖
1湯匙的紫蘇香鬆（成分為紫色紫蘇的日本調味料）
4碗飯（參考第10頁）

打蛋，並且加糖打成蛋汁。把小鍋加熱，倒入蛋汁做成炒蛋。將蛋、紫蘇香鬆和飯拌在一起，按照第94頁的作法做成飯糰。

柴魚飯糰

8顆小飯糰

準備時間3分鐘

5克的柴魚片
1/2湯匙的醬油
4碗飯（參考第10頁）

柴魚片先和醬油拌勻，再和飯拌在一起，按照第94頁的作法做成飯糰。

不同口味的飯糰
（續篇）

青豆仁飯糰

8顆小飯糰

準備時間5分鐘
烹飪時間10分鐘

150克連同豆莢的青豆仁
1湯匙的鹽
4碗飯（參考第10頁）
1段1公分的薑，削去皮切碎

青豆仁剝去豆莢，用鹽水煮熟，瀝水後和飯和薑拌在一起，按照第94頁的作法做成飯糰。

鮭魚青菜飯糰

8顆小飯糰

準備時間15分鐘＋放置時間2小時
烹飪時間10分鐘

1塊鹽烤鮭魚（作法參考第24頁）
1把青菜葉（甜菜、蕪菁或菠菜的綠葉）
1撮鹽
1咖啡匙的麻油
4碗飯（參考第10頁）
1湯匙的烤芝麻粒

青菜葉切成段。在平底鍋裡熱油，然後炒菜。加鹽。熄火。把鮭魚肉剝碎。將鮭魚、青菜、芝麻和飯拌在一起，按照第94頁的作法做成飯糰。

醬油烤飯糰

4個大飯糰

準備時間5分鐘
烹飪時間15分鐘

4個大飯糰（作法參考第94頁）
2湯匙醬油
植物油（麻油、芥花油或橄欖油）

鍋裡放一點油，用中火加熱（用烤肉爐更方便）。把飯糰放進去烤，直烤到兩面都出現美麗的焦黃色。在其中一面塗上醬油，翻面再烤一下，讓烤醬汁飄出香味。另一面也重複同樣的步驟。

請注意，做這道烤飯糰的時候，飯糰要壓得比較緊實，烤的時候才不會變形散掉。

日式煎餅（仙貝） SENBEI

日式煎餅是日本很常見的鹹味點心，通常在餐後配茶食用，或者當成下午點心。這家店是東京根津地區最好的煎餅店之一，傳統的口味遠近馳名。師傅烘烤這些乾米餅，不時塗上醬油。煎餅的金黃酥脆和醬汁的焦香味真是美妙的組合。

炭火手焼
大判　　2枚入
540円

炭火
醤油

東日本大震災へ¥10956
寄付させて戴きました

點心
OYATSU
おやつ

日本人喜歡在下午點心的時刻吃甜食。傳統的糕點
和靈感來自西方的洋菓子，人氣不相上下。銅鑼
燒：夾餡鬆餅。蜜豆：水果、洋菜凍與紅豆加糖
漿。麻糬：包餡的糯米點心。Short-Cake：日式草莓
蛋糕。Roll-Cake：蛋糕捲。戚風蛋糕：組織內有許
多空氣的蛋糕。

矛盾的是，日式糕點很甜，對西方的糕點卻非常堅
持清淡口味。

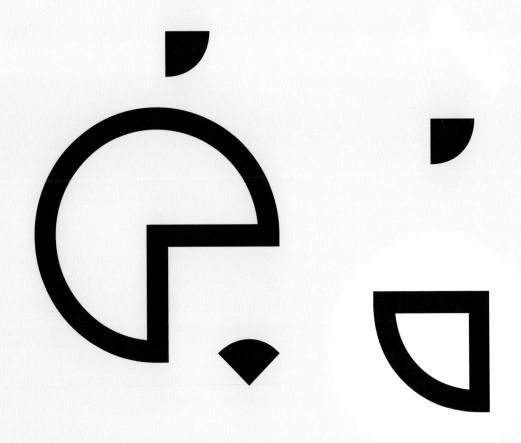

醬油糰子
MITARASHI DANGO
みたらし団子

5串糰子

準備時間15分鐘
烹飪時間10分鐘

100克的糯米粉（超市就買得到）
150克的嫩豆腐

<u>御手洗沾醬</u>
120毫升的水
40克的蔗糖
3湯匙的醬油
1湯匙的味醂
1湯匙的馬鈴薯粉

✳ 製作小丸子圖解

用手把豆腐壓碎，與糯米粉攪拌，並揉成平滑的粉糰。將粉糰揉成長棍狀，平分成20份，再揉成一顆顆的小丸子＊。用滾水煮丸子，當丸子浮上水面時，續煮2分鐘。把丸子撈出來，放在一碗冷水裡，讓丸子冷卻。丸子瀝水後，用竹籤串起來，每串4顆。把丸子串放在烤架上（用烤肉爐或瓦斯爐都可以），烤一下表面。如果沒有烤架，也可以放進沒有油的平底鍋裡，用大火乾烤。
準備醬汁。將所有做醬汁的材料倒進鍋裡，以中火加熱，同時用木鍋鏟攪拌。煮滾之後轉小火，不要停止攪拌，再多熬1分鐘。醬汁會變得濃稠透明。把丸子放進醬汁裡滾動，讓每個部分都沾到醬汁。

日式麻糬
DAIFUKU MOCHI
大福餅

8顆麻糬

準備時間30分鐘
烹飪時間1小時15分鐘

200克的紅豆沙餡＊
3湯匙的煮熟紅豆（參考第110頁）
100克的糯米粉
60克的糖
1咖啡匙的細鹽
150毫升的水
馬鈴薯粉

把紅豆沙餡分成8份，利用兩根湯匙做成小球狀。擺在盤子上，放進冰箱裡備用。將糯米粉、糖、鹽和水放進一個微波爐專用的碗裡，拌勻之後放進微波爐裡，用600W的強度加熱2分鐘。拿出來，用濕的刮刀攪拌之後，再放回微波爐，用600W的強度加熱40秒到1分鐘。這時糯米團已經變得透明。把煮熟的紅豆拌進糯米糰裡。在一個大托盤上撒馬鈴薯粉，托盤的表面要完全被粉覆蓋。把糯米糰擺在托盤上，上面再撒一些馬鈴薯粉。用切麵糰的工具將糯米糰切成8等份。小心燙傷，因為必須趁糯米糰還熱的時候進行這個步驟。將紅豆沙餡從冰箱裡拿出來。用手把一塊糯米糰拉開，大小要足夠把餡包進去。把這塊糯米糰放在手掌心，撥掉多餘的馬鈴薯粉，將一球紅豆沙餡擺在中間，再把糯米糰的邊緣收攏捏緊。把做好的麻糬放在撒了馬鈴薯粉的盤子上，封口朝下。重複同樣的步驟製作其他的麻糬。

＊ 紅豆沙餡
紅豆壓碎後再用紗布過濾，可得豆沙。
（譯注：製作豆沙的紅豆，壓碎之前要先煮熟。）

──做這道點心，傳統上是使用黑豆沙餡。但是黑豆沙餡不容易買到，所以用紅豆沙餡代替。

白巧克力抹茶蛋糕
CAKE MATCHA-CHOCOLAT BLANC
抹茶のケーキ

1個長條蛋糕（19×9×8公分的蛋糕模）

準備時間15分鐘
烹飪時間40分鐘

3顆雞蛋
與雞蛋重量相等的糖
與雞蛋重量相等的麵粉
與雞蛋重量相等的奶油
1/2小包的發粉
1湯匙的抹茶粉
70克的白巧克力碎片
蛋糕模需要的奶油與麵粉

讓奶油變軟，但不要融化。奶油和糖以電動打蛋器打5分鐘，
打到變成乳泡狀。把蛋一顆一顆加進去，每放一顆蛋就先用
打蛋器打勻，再放入另一顆蛋。加入篩過的麵粉和發粉。加
入抹茶粉增添香氣。用刮刀攪拌這些材料。加入白巧克力碎
片。蛋糕模先抹過奶油和麵粉，再把拌好的麵糊倒進去。放
進烤箱，以170℃烤40分鐘。如果蛋糕烤熟了，把刀戳進蛋
糕裡再抽出來，刀刃應該是乾的。

蜜豆
MITSUMAME
みつ豆

4人份

準備時間30分鐘
烹飪時間1小時20分鐘

※ 紅豆粒餡
仍保留了完整顆粒
的紅豆餡。

洋菜凍
500毫升的水
2咖啡匙的洋菜粉
1湯匙的白糖
2/3杯的生紅豆
2撮粗鹽

200克的紅豆粒餡*
1顆剝好的橘子
4顆罐頭櫻桃
4顆御手洗糰子（作法參考第104頁）
1/4顆蘋果
4湯匙的黑糖漿（作法參考第134頁）

把洋菜粉和水放進鍋裡用中火加熱，同時用木製鍋鏟一直攪拌。沸騰之後，繼續加熱攪拌2分鐘。加糖，等糖融化之後就熄火，把材料倒進方形的模子（邊長15公分）或金屬容器裡。在室溫下放涼，然後擺進冰箱裡。等洋菜凝固成果凍狀，就從模子裡倒出來，切成邊長1公分的小丁。把紅豆放進鍋裡，加水進去，讓水量蓋過紅豆。用大火把水煮滾，然後把水倒掉。重複加水煮滾、把水倒掉的步驟。到第三次水煮滾時，加入2撮粗鹽，然後轉小火，繼續煮50分鐘左右。

在煮紅豆的過程中，水量要能夠蓋過紅豆，有必要時可以加水。當紅豆煮軟了（用兩根手指就可以輕易壓碎），就可以熄火瀝水。準備好黑糖漿（作法參考第134頁）。按照第104頁的作法來製作御手洗糰子，不過份量減少為1/4，黑糖漿則省略。做成直徑1.5公分的小小丸子，而且不用烤。將1/4顆的蘋果切成4片，去核。準備4個小碗，在每個碗裡放進1/4份量的洋菜凍、50克的紅豆粒餡、1湯匙的紅豆、大約1/4顆的橘子、1片蘋果和1顆丸子。淋上1湯匙的黑糖漿。最後擺上1顆櫻桃。

—傳統上這道點心用的是小紅豆，如果沒有小紅豆，可用大紅豆取代。

銅鑼燒
DORAYAKI
どら焼き

8份銅鑼燒

準備時間10分鐘
放置時間30分鐘
做一批鬆餅的時間大約5分鐘

3顆雞蛋
140克的糖
1湯匙的味醂
1湯匙的蜂蜜
1湯匙的小蘇打＋3湯匙的水
180克的糕餅用麵粉
3湯匙的水
400克的紅豆粒餡*
葵花油

將小蘇打和3湯匙的水調勻。在攪拌缽裡打蛋，加入糖、味醂和蜂蜜，用攪拌器攪拌後，加入小蘇打拌勻。加入麵粉，用刮刀拌勻。讓麵糊放置30分鐘後，再加入3湯匙的水，充分攪拌均勻。用中火加熱平底鍋，鍋熱了以後轉小火，用餐巾紙在鍋面上抹油。將2/3勺的麵糊倒進平底鍋裡，形成一個直徑大約9公分的鬆餅。當麵糊表面冒出泡泡，並開始收乾時，將鬆餅翻面，再加熱1分鐘。用同樣的方法製作16個鬆餅。如果平底鍋夠大，可以一次製作好幾個鬆餅。將做好的鬆餅立刻用保鮮膜蓋起來，以免乾掉。用兩塊鬆餅夾50克的紅豆餡，做成銅鑼燒。

＊紅豆粒餡
　仍保留了完整顆
　粒的紅豆餡。

布丁
PURIN
プリン

4個布丁

準備時間15分鐘
烹飪時間13分鐘

4顆雞蛋
380毫升的牛奶
50克的蔗糖
1/4根香草
1/2湯匙的葵花油

焦糖糖漿
70克的白糖
3湯匙的冷水＋1湯匙的
熱水

備妥4個耐蒸氣加熱的小容器作為布丁杯。先在杯裡抹油，之後要把布丁倒出來會比較容易。在小鍋裡將冷水和糖煮滾後，再多煮幾分鐘，直到糖漿開始出現焦糖色。熄火，加入1湯匙熱水拌勻。把糖漿倒入杯裡，放涼之後擺進冰箱，讓糖漿凝固。在攪拌缽裡打蛋。用刀把香草莢割開，把裡面的籽刮出來。把香草和牛奶放進鍋裡，加糖，用中火加熱，當牛奶開始冒泡泡時就熄火，把熱牛奶慢慢地倒在蛋汁上，一邊倒一邊攪拌。將雞蛋牛奶透過濾網倒進布丁杯裡。在一個大鍋裡將水煮滾。把布丁杯擺進蒸籠裡，再將蒸籠架在滾水上方。將蒸籠蓋住，轉小火，繼續蒸10～11分鐘。熄火後，讓布丁留在蓋住的蒸籠裡冷卻。10分鐘後，取出布丁放進冰箱裡。食用前，拿一把薄刃刀沿著布丁周圍劃一圈。將小碟子倒扣在布丁杯上，再將碟子和杯子倒過來，就可取出布丁。

咖啡蛋糕卷
COFFEE ROLL CAKE
ロールケーキ

8人份

準備時間30分鐘
烹飪時間11分鐘

方形烤模或27×27公分的烤盤

麵糊
50克的45號麵粉
50克的糖
3顆雞蛋
2湯匙的即溶咖啡粉＋2湯匙的熱水

鮮奶油與裝飾
200毫升的鮮奶油
2湯匙的糖
1湯匙的即溶咖啡粉＋1湯匙的咖啡酒
3湯匙的杏仁果
巧克力碎片

在烤模上鋪一層烤盤紙。預熱烤箱到180℃。用熱水溶化咖啡粉。麵粉過篩。將蛋黃和蛋白分開。把蛋黃和40克的糖放進攪拌缽，用電動打蛋器以中速打成白色泡沫狀。加入一半的麵粉。用刮刀來攪拌麵糊，直到看不出麵粉顆粒為止。加入剩下的麵粉，用同樣的方式攪拌，直到麵粉完全拌勻。將蛋白和10克的糖放進碗裡，用電動打蛋器以中速打成挺立的蛋白霜。把1/3的蛋白霜加進麵糊裡，用打蛋器充分攪拌均勻。重複同樣的步驟，再把1/3的蛋白霜加進去拌勻。將最後1/3的蛋白霜加進去，用刮刀輕輕攪拌，直到顏色完全一致為止（看不到蛋白霜的白色），同時注意不要讓打發的蛋白塌下來。把麵糊倒進烤模裡。

為了讓麵糊的表面平坦，將烤模稍微傾斜幾公分，讓裡面的空氣排出。放進烤箱裡烤11分鐘。用手指輕壓，如果有彈性，就表示烤熟了。將蛋糕從烤箱中取出，蓋上保鮮膜，等它冷卻。將蛋糕連同烤盤紙從烤模裡取出，把紙剝離但不要拿掉，之後做蛋糕卷時用得著。

在一個大碗裡放些冰塊，中間再擺一個碗，放入鮮奶油、咖啡、咖啡酒和糖，將所有的材料打成泡沫狀。用刮刀將一半份量的發泡鮮奶油抹在蛋糕上，靠自己這邊的蛋糕多抹一些，另一邊抹得比較少。把烤盤紙掀起來，讓蛋糕緊密的捲在一起。用保鮮膜把蛋糕卷包起來，放進冰箱1個小時，讓蛋糕卷成形。把蛋糕卷拿出來，將剩下的發泡鮮奶油抹在上面，用叉子刮出一些波紋，黏上杏仁果，再撒些巧克力碎片作為裝飾。

（譯注：作者沒有說明蛋糕何時加入咖啡。應該是在蛋黃和糖打勻，還沒加入麵粉之前，就要把咖啡加進去。）

日式草莓蛋糕
SHORT CAKE
ショートケーキ

6人份

準備時間40分鐘
烹飪時間30分鐘

1個直經18公分的烤模

麵糊
80克的45號麵粉
1/2咖啡匙的發粉
3顆雞蛋
80克的白糖
1湯匙的牛奶
20克的奶油

糖漿
100克的水
50克的白糖
1湯匙的櫻桃酒

裝飾
1盒草莓（300克）
300毫升的鮮奶油
30克的糖

在烤模上鋪一層烤盤紙。將發粉和麵粉過篩之後混合。將牛奶和奶油隔水加熱融化。預熱烤箱到160℃。在攪拌缽裡打蛋，用電動打蛋器以低速打30秒。加入一半的糖，再打30秒。加入剩下的糖，把轉速提高到中速，打3分鐘左右。再把轉速提升到高速，打2分鐘。這時蛋汁應該已變成有彈性的泡沫狀。換成一般的打蛋器，繼續打2分鐘。加入一半的麵粉。用刮刀來攪拌麵糊，直到看不出麵粉顆粒為止。加入剩下的麵粉，用同樣的方式攪拌，直到麵粉完全拌勻（注意不要讓打發的蛋塌下來）。一點一點地將奶油和牛奶加進去，以同樣的方式攪拌均勻。把麵糊倒進烤模裡。把烤模傾斜幾公分，讓裡面的空氣排出來。放進烤箱，以160℃烤30～35分鐘。

當蛋糕烤好了，再把烤模傾倒2次，讓裡面的空氣排出。立刻把蛋糕取出，放在烤架上冷卻。等蛋糕涼了，就橫切成上下兩片圓形。

準備製作糖漿。將水和糖放在小鍋裡用中火加熱，等糖完全溶解就熄火。加入櫻桃酒，放涼備用。在一個大碗裡放些冰塊，中間再擺一個碗，放入鮮奶油和糖。用打蛋器打成不太結實的發泡鮮奶油，準備抹在蛋糕上。保留8顆完整的草莓，其他的草莓切成0.7公分的圓形薄片。將2/3份量的糖漿抹在蛋糕的兩個切面上。在其中一層蛋糕上塗抹5～6湯匙的發泡鮮奶油，將草莓切片擺上去，再抹上4湯匙的發泡鮮奶油。把另一層蛋糕疊上去。將糖漿抹在表面上，再將發泡鮮奶油抹在蛋糕的表面和側面。把剩下的發泡鮮奶油打到更結實，裝進擠花袋裡，在蛋糕表面上擠花裝飾，並且擺上草莓。將蛋糕冷藏，以免鮮奶油融化。

戚風蛋糕
CHIFFON CAKE
シフォンケーキ

1個直徑17公分的中空烤模

準備時間20分鐘
烹飪時間30分鐘

蛋黃部分
4顆蛋黃
30克的白糖
65毫升的牛奶
55毫升的葵花油
70克的45號麵粉

蛋白霜
4顆蛋白
60克的白糖

將蛋白和蛋黃分開。預熱烤箱到180℃。將蛋黃和糖放進攪拌缽裡，用打蛋器一直打到變白為止。將牛奶一點一點加進去，一邊倒一邊攪拌。以同樣的方式把油加進去。加入麵粉，用刮刀攪拌均勻。準備製作蛋白霜。用電動打蛋器以中速將蛋白打成泡沫狀。加入一半的糖，並將攪拌器提升到高速。當蛋白開始膨脹起來，加入剩下的糖繼續打，一直打到蛋白霜能夠形成結實的尖錐。將1/3的蛋白霜加進麵糊裡，以打蛋器從底下往上充分攪拌。再加入1/3的蛋白並重複相同的步驟。將最後1/3的蛋白霜加進去，以刮刀從底下往上輕輕攪拌，直到顏色完全一致為止，同時注意不要讓打發的蛋白塌下來。將麵糊倒進烤模裡。請注意，烤模不可以抹奶油或麵粉。放進烤箱，以180℃烤30分鐘左右，在這段期間內不可以把烤箱打開。用刀尖戳一下蛋糕，如果沒沾到麵糊，就是烤熟了。將烤模取出，倒過來套在一個瓶子的瓶頸上，瓶子事先裝滿水，以免傾倒。這個步驟可以避免蛋糕塌陷。等蛋糕冷卻後，用一把刀刃細長的刀在蛋糕邊緣劃一圈，將蛋糕從烤模中取出。品嘗時可搭配發泡鮮奶油或香草冰淇淋。

日式可麗餅卷

CRÊPE EN CORNET À LA JAPONAISE
クレープ

8份可麗餅

準備時間20分鐘
放置時間1小時
煎一張餅的時間2分鐘

可麗餅麵糊
100克的45號麵粉
20克的糖
2顆雞蛋
250毫升的牛奶
15克的低鹽奶油

發泡鮮奶油
30毫升的鮮奶油
15克的白糖

配料
8湯匙的藍莓果醬
8球香草冰淇淋
16根巧克力卷心酥
8顆草莓
葵花油

將草莓洗乾淨並切成4等份。奶油融化備用。將糖和雞蛋放進攪拌缽裡，並直接將麵粉篩進去，用打蛋器充分攪拌。加入融化的奶油和牛奶，一邊倒一邊攪拌。把拌勻的麵糊放進冰箱裡至少1個小時。準備製作發泡鮮奶油。把空氣打進鮮奶油裡（使用大型打蛋器的效果比較好）。當鮮奶油開始膨脹起來，加入糖繼續打，直到鮮奶油變成結實的泡沫狀。用餐巾紙在平底鍋上抹一點油。平底鍋熱了之後，將一小勺麵糊倒進鍋裡，並使麵糊攤開。當餅的邊緣熟了，表面也開始收乾（大約1分鐘之後），將餅翻面，繼續煎1分鐘。

在每塊可麗餅上，將1/8份量的發泡奶油、2塊草莓和一球冰淇淋擺在1/6的表面上（V字型），並將有配料這一側的餅皮邊緣反摺2公分（讓冰淇淋露出來）。將餅捲成圓錐狀，加上2根卷心酥、1湯匙藍莓果醬和2塊草莓作為裝飾。用紙將可麗餅包起來。

可麗餅店 CRÊPES

在東京，可麗餅被改造得色彩無比繽紛。以大量的發泡鮮奶油、水果、冰淇淋和巧克力作為配料，絕對稱不上是輕食，不過看起來非常卡哇伊，女生就是喜歡！

冰淇淋
GLACES
アイス

4人份

準備時間15分鐘
製作時間5分鐘
放置時間3小時

米 紅豆粒餡
仍保留了完整顆
粒的紅豆餡。

黑芝麻
冰淇淋

200毫升的鮮奶油
70毫升的鮮奶
2顆蛋黃
40克的黑芝麻醬
75克的白糖

取一只碗,將鮮奶油打到發泡。在攪拌缽裡放入蛋黃和糖,用打蛋器一直打到變成白色泡沫狀為止。在鍋裡以中小火加熱牛奶和黑芝麻醬,一邊加熱一邊攪拌。在滾沸之前就熄火,將黑芝麻牛奶一點一點倒進蛋黃裡,一邊倒一邊攪拌均勻。加入鮮奶油,充分攪拌均勻。將所有的材料倒入冰淇淋製造機裡,按照機器的說明書來操作。如果沒有冰淇淋製造機,就把所有的材料倒進一個金屬容器裡,放進冰箱冷凍3小時。在冷凍期間,用一根叉子快速攪拌冰淇淋。重複這個步驟3次。

抹茶
冰淇淋

200毫升的鮮奶油
100毫升的鮮奶
2顆蛋黃
1.5湯匙的抹茶粉
75克的白糖

在一個碗裡將鮮奶油和抹茶粉混合並打成發泡狀。在攪拌缽裡放入蛋黃和糖,用打蛋器一直打到變成白色泡沫狀為止。在鍋裡以中小火加熱牛奶,在滾沸之前就熄火,將牛奶一點一點倒進蛋黃裡,一邊倒一邊攪拌均勻。加入鮮奶油,充分攪拌均勻。將所有的材料倒入冰淇淋製造機裡,按照機器的說明書來操作。如果沒有冰淇淋製造機,就把所有的材料倒進一個金屬容器裡,放進冰箱冷凍3小時。在冷凍期間,用一根叉子快速攪拌冰淇淋。重複這個步驟3次。

紅豆
冰淇淋

200毫升的鮮奶油
100毫升的鮮奶
2顆蛋黃
75克的白糖
200克的紅豆粒餡*

在一個碗裡將鮮奶油打到發泡。在攪拌缽裡放入蛋黃和糖,用打蛋器一直打到變成白色泡沫狀為止。在鍋裡以中小火加熱牛奶。在滾沸之前就熄火,將牛奶一點一點倒進蛋黃裡,一邊倒一邊攪拌均勻。加入鮮奶油和紅豆粒餡,充分攪拌均勻。將所有的材料倒入冰淇淋製造機裡,按照機器的說明書來操作。如果沒有冰淇淋製造機,就把所有的材料倒進一個金屬容器裡,放進冰箱冷凍3小時。在冷凍期間,用一根叉子快速攪拌冰淇淋。重複這個步驟3次。

雪酪
SORBETS
シャーベット

紫蘇雪酪

4人份

準備時間15分鐘
烹飪時間3分鐘
放置時間3小時

140克的白糖
300毫升的水
30克的薑泥
4片紫蘇
1顆有機檸檬,榨汁
1湯匙的蛋白

將糖、薑泥和水放進鍋裡,用中火加熱使糖溶解。用濾網把薑的纖維濾掉,然後讓薑糖水在室溫下冷卻。用廚房攪拌器將紫蘇葉、檸檬汁、蛋白和薑糖水充分攪拌均勻。將所有的材料倒入冰淇淋製造機裡,按照機器的說明書來操作。如果沒有冰淇淋製造機,就把所有的材料倒進一個金屬容器裡,放進冰箱冷凍3小時。在冷凍期間,用一根叉子快速攪拌雪酪。重複這個步驟3次。

—如果不喜歡太綿密的口感,就用手工製作,不要用冰淇淋製造機。

柚子雪酪

4人份

準備時間15分鐘
烹飪時間3分鐘
放置時間3小時

100克的白糖
300毫升的水
100毫升的柚子汁
50毫升的梅子酒*
50克的蜂蜜
1片吉利丁(約17克)

先將吉利丁泡水。在鍋裡放入糖和水,以中火加熱使糖溶解。熄火,加入吉力丁、梅子酒、柚子汁和蜂蜜,放在室溫下冷卻。將所有的材料倒入冰淇淋製造機裡,按照機器的說明書來操作。如果沒有冰淇淋製造機,就把所有的材料倒進一個金屬容器裡,放進冰箱冷凍3小時。在冷凍期間,用一根叉子快速攪拌雪酪。重複這個步驟3次。

—如果不喜歡太綿密的口感,就用手工製作,不要用冰淇淋製造機。

＊梅子酒

喝完再把梅子吟掉。

地瓜燒
SWEET POTATOES
スゥイートポテト

大約8～10份

準備時間20分鐘
烹飪時間35分鐘

400克的黃地瓜
40克的半鹽奶油
50克的糖
2湯匙的煉乳
30毫升的鮮奶油
1/2顆蛋黃

表層刷醬
1/2顆蛋黃
1湯匙的鮮奶油

地瓜整顆放進滾水裡煮到熟透，心也變軟（大約20分鐘）。撈出地瓜，削去皮，切成幾大塊，與奶油一起放進攪拌缽裡。先用廚房攪拌器將地瓜壓成泥，再加入糖、煉乳、鮮奶油和半顆蛋黃（另外半顆之後用得著），用刮刀將所有的材料攪拌均勻。烤箱預熱到200℃。將另外1/2顆蛋黃和1湯匙的鮮奶油拌勻。在烤盤上鋪好烤盤紙。將地瓜泥做成長度約10公分的梭狀（參考右邊的圖片），擺在烤盤上，表面刷一層蛋黃鮮奶油。放進烤箱烤10～11分鐘，直到地瓜表面出現美麗的焦黃色。

南瓜茶巾絞

KABOCHA CHAKIN-SHIBORI

南瓜茶巾絞り

8個茶巾絞

準備時間15分鐘
烹飪時間5分鐘

300克的南瓜
2湯匙的栗子泥
1湯匙的蔗糖
1湯匙的抹茶粉
4湯匙的水
1湯匙的葵花油

南瓜削皮去籽，切成邊長2公分的小丁。將南瓜、水和油放進鍋裡，蓋上鍋蓋，以小火煮5分鐘，煮到南瓜完全熟透。用叉子將南瓜壓成泥，加入糖和栗子泥攪拌均勻。另外取出1/5份量的南瓜泥，和抹茶粉拌勻。

從沒有加抹茶粉的南瓜泥中，取出1/8的份量，擺在邊長15公分的方形保鮮膜上，頂端再加上滿滿1咖啡匙的抹茶南瓜泥。將南瓜泥包成一球，放在手掌上握一下，拿掉保鮮膜，一個茶巾絞就完成了。用同樣的方式做出另外7個茶巾絞。

奶酪
GYUNYU PURIN
牛乳プリン

奶酪

4小杯

準備時間10分鐘
烹飪時間3分鐘

350克的全脂牛奶（最好是有機牛奶）
3湯匙的蔗糖
5克的吉利丁粉＋2湯匙的水

將吉利丁和水放進小碗裡，讓吉利丁吸收水分。將牛奶和糖倒進鍋裡，以小火加熱，同時用一根湯匙攪拌，使糖溶解。在牛奶即將滾沸之前熄火，並加入吉利丁，攪拌使其融化。將所有的材料倒入您自己選擇的杯子中。這裡標示的份量適用於小杯。如果想裝滿大杯，就將份量加倍。先擺在室溫下冷卻，然後放進冰箱裡冷藏30分鐘讓它凝固。

黑糖漿

準備時間2分鐘
烹飪時間3分鐘

50克的紅糖
20克的蔗糖
50毫升的水
1湯匙的蜂蜜
2薄片的薑

把薑片切成細絲。以小火加熱，讓紅糖和蔗糖在水中溶解。等糖完全溶解了，就熄火並加入蜂蜜。放涼備用。為每一杯奶酪淋上1湯匙的糖漿，再撒上一小撮薑絲作為點綴。

薑汁檸檬糖漿

準備時間3分鐘
烹飪時間5分鐘

50克的蔗糖
100毫升的水
1/2顆有機檸檬切成0.5公分的薄片
10片很薄的薑片＋4片作為裝飾

將所有的材料放進鍋裡，用中小火加熱5分鐘，直到糖漿變得濃稠。熄火，讓糖漿冷卻。為每一杯奶酪淋上1湯匙的糖漿，再擺上一片薑作為點綴。

醃漬藍莓

準備時間3分鐘

20顆藍莓
1湯匙的蔗糖
1湯匙的櫻桃酒
幾片薄荷葉

將藍莓用糖和櫻桃酒醃漬5分鐘。在每一杯奶酪上擺上藍莓，並以薄荷葉點綴。

──這種作法同樣適用於其他的當季水果，如草莓、無花果、哈密瓜。

糖果店 CONFISERIE

有些小商人繼續經營著傳統的糖果店。圓條狀的金太郎飴是我的最愛。把這種糖果切成一段一段的，切面上會出現日本傳說中的小男孩金太郎的臉孔。對小孩子來說，這真的很神奇。我不太清楚這種糖果是怎麼製造的，不過顯然臉孔的設計是將好幾根長條糖聚集成一大束，然後將這一大束拉成細細的圓形長條。

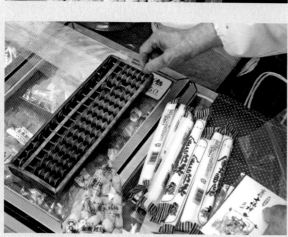

居酒屋

IZAKAYA

いざかや

居酒屋是可以用餐的酒館。日本人工作了一整天，會在夜晚上居酒屋。每個人都可以從琳瑯滿目的菜單上找到滿意的選擇。魚、肉、沙拉、湯和飯，以鹹的和油炸的口味為主，每道菜的份量不多，裝在小小的盤子裡，適合搭配啤酒、清酒、燒酎（日本的蒸餾酒）或葡萄酒享用。邀請您來認識這些小菜。

毛豆
EDAMAME
枝豆

4人份

準備時間1分鐘
烹飪時間約5分鐘

4把冷凍毛豆*
3撮未精製的粗鹽

水裡加2撮鹽，煮滾之後，將毛豆放進去，再煮5～6分鐘（按照包裝上的說明）。將毛豆瀝水後放在碗裡，撒一撮粗鹽。毛豆就是尚未成熟的大豆。這道小菜的作法簡單，而且非常適合當開胃菜。大部分的時候，毛豆都是用來下酒的，尤其和啤酒更是絕配。在居酒屋裡，這是最受歡迎的小菜之一。

──別忘了旁邊多準備一個空碗。把豆莢裡的豆仁擠出來吃，豆莢不吃。

＊毛豆
我們只吃豆仁。
（譯注：在法國不容易買到新鮮毛豆，作者以冷凍毛豆為材料。這兩種毛豆實際達飪的時間差不多。）

揚出豆腐
AGEDASHI-DOFU
揚げ出し豆腐

4人份

準備時間20分鐘＋放置時間30分鐘
烹飪時間4分鐘

250克的老豆腐（木棉豆腐）
50克的麵粉
1段2公分的白蘿蔔*
1段2公分的薑，去皮
1根蔥
葵花油

醬汁
200毫升的柴魚昆布高湯
　（參考第12頁）
40毫升的味醂
25毫升的醬油
1咖啡匙的馬鈴薯粉
1湯匙的水

把白蘿蔔和薑磨成泥，裝在不同的容器裡備用。把蔥斜切成3公分的蔥段。準備醬汁：將高湯、味醂和醬油放進鍋裡，以中火加熱，等醬汁滾了就轉小火。將水和馬鈴薯粉放進小杯子裡攪拌，直到粉完全溶解。注意，千萬不能將馬鈴薯粉直接倒進鍋裡，因為它會馬上結塊，無法和醬汁混合。將馬鈴薯粉溶液倒進鍋裡，以小火加熱並持續攪拌，等醬汁變濃稠就可以熄火。將豆腐用兩層餐巾紙包起來，上面擺一張盤子，壓30分鐘，讓豆腐脫水。將豆腐切成4等份。用餐巾紙將豆腐的表面擦乾，並在上面撒麵粉。取一只夠深的鍋，倒進3公分高的油，以中火加熱後，將豆腐下鍋油炸，直到兩面都出現焦黃色（大約3～4分鐘的時間）。將豆腐擺在大盤子上，每一塊豆腐都淋上熱熱的醬汁。配上白蘿蔔泥、薑泥和蔥段作為點綴。

米白蘿蔔
二大根

如果沒有白蘿蔔，可以用黑蘿蔔代替。不過白蘿蔔的個頭比較大，味道也更甜。

炸春卷
AGÉ HARUMAKI
揚げ春巻き

8捲（4人份）

準備時間20分鐘
烹飪時間5分鐘

8張春卷皮	1咖啡匙的蠔油
16隻大蝦	1湯匙的麵粉
1湯匙的清酒	1湯匙的水
1咖啡匙的麻油	葵花油
胡椒	
2公分的薑	沾醬
3公分的韭蔥	4湯匙的米醋
3根綠蘆筍	3湯匙的醬油

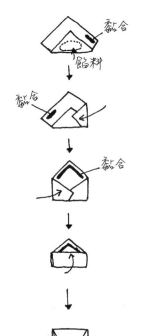

蝦全部剝殼，擦乾水分，用清酒、麻油和胡椒醃10分鐘。將韭蔥和薑去皮，切成細絲。蘆筍去皮後斜切成0.7公分的小段。將上述材料和蠔油拌在一起。在一個小碗裡將麵粉與水調勻，用來黏合春卷。將春卷皮以45°角（菱形）攤開在眼前，水平擺上2隻蝦、3～4段蘆筍（在中間偏下的位置），上面再放韭蔥和薑絲。將春卷捲起來，用麵粉漿黏住。在平底鍋裡倒入至少3公分高的油，以中溫（170℃）炸春卷，並且不時翻面。為了避免春卷疊在一起，必要的話可分成2批來炸。瀝油後，趁熱沾醬汁食用。

—在法國，包春卷用的是生米漿做的餅皮，但是在日本，我們用的是麵粉漿做的餅皮，可以油炸。適合包春卷的餅皮通常稱為「春卷皮」。

通心粉沙拉
SALADE DE MACARONIS
マカロニサラダ

2人份

準備時間20分鐘
烹飪時間約7分鐘（視通心粉的品牌而定）

100克的通心粉
1/2條小黃瓜
1/2片火腿
1/4顆洋蔥

調味料
1小罐油漬鮪魚罐頭（約80克）
4湯匙的美乃滋
鹽
胡椒

將通心粉煮熟（按照包裝盒上的說明），放涼備用。瀝掉鮪魚罐頭的油，用叉子將鮪魚弄碎。將鮪魚和通心粉拌在一起，並撒上鹽和胡椒。將小黃瓜切成很薄的圓形薄片，加撮鹽拌一拌，放置5分鐘。用手輕壓小黃瓜，把多餘的水分擠掉。把洋蔥切成很薄的薄片，放進水裡泡5分鐘再撈出來瀝水，可緩和生洋蔥的嗆辣。將火腿切成長條。在食用前將所有的材料拌勻。

鮭魚茶泡飯
SAKÉ CHAZUKÉ
鮭茶漬け

4人份

準備時間10分鐘＋放置一個晚上
烹飪時間10分鐘

2小片鮭魚
1湯匙的天然粗鹽
4碗日本米煮的飯（參考第10頁）
2～3湯匙的綠茶粉，用300毫升的滾水在大茶壺裡浸泡
　　2～3分鐘
2湯匙的白蘿蔔泥
山葵醬
1片海苔，切碎

鮭魚先用鹽醃過。兩面都要抹鹽，然後用保鮮膜包起來，在冰箱裡放一個晚上。第二天將鮭魚取出，放在烤架上烤熟（或者放進烤箱以180℃烤10分鐘）。將鮭魚肉弄碎。有必要的話再加鹽（鮭魚必須相當鹹，做成茶泡飯才會對味）。

飯的處理方式和牛肉茶泡飯一樣。將飯盛進碗裡，擺上鮭魚、蘿蔔泥、山葵醬和海苔碎片。依個人喜好將綠茶準備好。如果有柴魚昆布高湯，可以用來沖泡綠茶，這道鮭魚茶泡飯的滋味會更好。不過，如果是牛肉茶泡飯，建議您採用焙茶，不要加柴魚昆布高湯，因為牛肉的味道已經很重。將熱茶倒在飯上，趁熱食用。

牛肉茶泡飯
NIKU CHAZUKÉ
肉茶漬け

4人份

準備時間15分鐘
烹飪時間15分鐘

牛肉時雨煮
250克的薄片牛肉
4湯匙的清酒
4湯匙的醬油
2湯匙的味醂
3咖啡匙的蔗糖
1小撮柴魚片
2咖啡匙的麻油

4碗日本米煮的飯（參考第10頁）
2～3湯匙的焙茶（烘焙過的綠茶是棕色，咖啡因含量
　　很少），以300毫升的滾水在大茶壺裡浸泡2～3
　　分鐘
1根細香蔥，切成細蔥花
2公分的薑，去皮切成薄片

在小鍋裡先熱麻油，再將每片牛肉分開來以中小火煎一下（以免牛肉片黏成一團）。加入時雨煮醬汁的所有材料，以中火繼續拌炒，等醬汁收乾了就可以熄火。牛肉時雨煮可以在冰箱裡放上1週。

將飯盛進碗裡，飯最好是溫的。如果使用冰箱裡的冷飯，先將飯擺在濾網上，用熱水輕輕沖洗一遍，讓黏成一團的飯粒分開，或是將冷飯放進微波爐加熱一下。這麼做是為了避免冷飯硬硬的，口感不佳。將牛肉時雨煮、一小撮薑片和蔥花擺在飯上。依照個人喜好將焙茶準備好。將熱茶倒在飯上，趁熱食用。

炸雞塊
KARA-AGE
唐揚げ

4人份

準備時間10分鐘＋醃漬時間30分鐘
烹飪時間6分鐘

500克的去骨雞腿肉或雞胸肉
炸油
1顆有機檸檬

醃料
1顆蛋
1瓣大蒜，磨成泥
1段2公分的薑，削皮磨成泥

1湯匙的麻油
1.5湯匙的醬油
1咖啡匙的蔗糖
5湯匙的馬鈴薯粉
1咖啡匙的肉桂粉
胡椒

將雞肉切成邊長約4公分的雞塊。將所有醃料的材料放進碗裡，充分攪拌均勻，再把雞塊放進去醃，收到陰涼處，擱上至少30分鐘（可在前一天晚上先將雞塊醃好備用。）在油炸之前，將雞塊和醃料仔細地重新拌勻（因為馬鈴薯粉會沉澱在碗底）。在平底鍋裡倒入5公分高的油，以中大火加熱到170℃，將雞塊和醃料下鍋油炸（就像在炸甜不辣），炸5～6分鐘，不時翻面。當雞塊炸熟至出現美麗的焦黃色（用叉子戳一下雞塊，如果流出來的肉汁是清澈的，就表示熟了），就撈出來放在餐巾紙上瀝油。將檸檬汁擠在雞塊上，趁熱享用。

酒蒸蛤蜊
ASARI NO SAKAMUSHI
浅蜊の酒蒸し

4人份

準備時間10分鐘
烹飪時間3分鐘
放置時間1小時至一個晚上

1公斤的新鮮蛤蜊
鹽
2～3根細香蔥
1瓣大蒜切碎
2湯匙的葵花油
150毫升的清酒
1咖啡匙的醬油

把蛤蜊放在一個大碗裡泡水。在水裡加入1湯匙的鹽，在冰箱裡放1個小時，甚至一個晚上，讓蛤蜊吐沙。接下來，將蛤蜊沖水搓洗乾淨，瀝水備用。在邊緣比較高而且有鍋蓋的平底鍋裡開始熱油，爆香大蒜。把蛤蜊放進鍋裡，再倒入清酒。蓋上鍋蓋以大火加熱。等蛤蜊都開了，就是熟了。加熱的時間很短，小心不要蒸煮太久，頂多2～3分鐘。加入醬油拌勻，撒上細香蔥的蔥花，就可以熄火了。

涼拌蘿蔔扇貝
HOTATE SALADE
ホタテと大根のサラダ

4人份

準備時間15分鐘
烹飪時間5～8分鐘

200克的扇貝肉　　　　　　1咖啡匙的醬油
1湯匙的清酒　　　　　　　4湯匙的美乃滋
10公分長的白蘿蔔*　　　　1小段細香蔥，切碎
1咖啡匙的天然細鹽　　　　現磨胡椒
1/4顆有機檸檬榨汁　　　　幾朵細香蔥的花

白蘿蔔削皮後先切成0.2公分的圓形薄片，再切成細細的蘿蔔絲，放進碗裡，撒上鹽拌勻。讓白蘿蔔醃10分鐘。用雙手去壓，把水分擠出來。將扇貝肉放進盤子裡，淋上清酒，以保鮮膜蓋起來，放進微波爐裡，以600W的強度加熱3分鐘左右。將肉翻面，再加熱2分鐘。要確認肉都熟了。如果沒有微波爐，將扇貝肉放在盤子上（為了留住肉汁），盤子放進蒸籠裡，以中大火蒸10分鐘。保留肉汁（非常重要！），用手將肉剝成小塊。將白蘿蔔、扇貝肉、肉汁、醬油、美乃滋和蔥花全部混在一起拌勻，裝進盤子裡，再加上幾朵細香蔥的花作為點綴。撒上胡椒。

米白蘿蔔
＝大根

白蘿蔔與黑蘿
蔔是近親，不
過前者的個頭
比較大，味道
也更甜。

韃靼鮪魚

MAGURO NO TARUTARU

マグロのタルタル

4人份

準備時間10分鐘

400克非常新鮮的生鮪魚

醃料
1瓣大蒜
1湯匙的清酒
1湯匙的味噌
1湯匙的醬油
2湯匙的蔗糖
2湯匙的米醋
2湯匙的麻油
1/2片海苔
滿滿1咖啡匙的松子
1咖啡匙的芝麻粒
1咖啡匙的南瓜子
1小撮天然粗鹽
蒔蘿、紫蘇嫩芽（可加可不加）

鮪魚切成小丁。將醃料的全部材料放進碗裡充分拌勻。加入鮪魚、撕成碎片的半片海苔以及一半份量的果仁，一起拌勻。

——將拌好的鮪魚裝進盤子裡，撒上剩餘的果仁，並加上香草和粗鹽。

燉白蘿蔔
FUROFUKI DAIKON
ふろふき大根

4人份

準備時間20分鐘
烹飪時間50分鐘

1/3或1/2根白蘿蔔（視蘿蔔的大小而定）
1湯匙的日本米
1片10×10公分的昆布

味噌醬
4湯匙的味噌
4湯匙的味醂
1湯匙的蔗糖
1湯匙的清酒
1咖啡匙的醬油
1湯匙的柚子汁
柚子皮，切成細絲

將白蘿蔔切成高度3公分的圓柱。把皮削掉，尖尖的尾部也切掉，燉煮時蘿蔔才不容易裂開；接著在圓形切面上用刀劃十字，中心部分才能煮軟。在長時間燉煮這類質地比較硬的蔬菜之前，往往會先進行切邊和劃十字這兩個步驟。先把昆布放進鍋裡，再把蘿蔔擺進去，選個大的鍋子，以免蘿蔔塊疊在一起（譯注：米應該和昆布、蘿蔔同時放下去煮）。加水覆蓋住蘿蔔。水煮滾後，轉小火續燉40分鐘。把味噌醬的材料全部放進小鍋裡，一邊煮一邊攪拌。直到醬汁變得很燙，把火力調到很小，再熬5分鐘，一邊繼續攪拌。取一只大碗，裡面鋪上昆布，擺上蘿蔔，淋些湯汁，在每塊蘿蔔上面加1湯匙的味噌醬，再撒上柚子皮。

──做這道菜時也可以用香檸檬皮來取代柚子皮。

柚子
它的皮可用來揉
添食物的香氣。

陶器 CÉRAMIQUE

在這本書裡出現的盤子，幾乎都是日本工匠以手工製作的。製作陶器的技術代代相傳。陶土、圖案和色調，會因產地的不同而有異。相較之下，工業化製造的陶器就缺乏手工的溫潤和獨特性。

油炸章魚
TAKO NO KARA AGE
蛸の唐揚げ

4人份

準備時間15分鐘
烹飪時間20分鐘

400克的章魚，用水燙熟
3湯匙的馬鈴薯粉
200克的奶油瓜（南瓜）
植物油
細香蔥的蔥花
花椒
天然粗鹽
1/4顆有機綠檸檬

醃料
2湯匙的醬油
1湯匙的清酒
1/2瓣的大蒜，磨成泥
1咖啡匙的薑泥

如果您要親自處理章魚，先把它洗乾淨，用大量的鹽搓揉之後，再把鹽沖洗掉。用刀將頭部和觸鬚切開。拿掉頭部的內臟。把觸鬚仔細洗乾淨，用餐巾紙擦乾。把章魚切成3公分的小段（觸鬚段可以更長）。將所有醃料的材料混合均勻，把章魚放進去醃15～20分鐘。把醃章魚的醬汁瀝掉，並用餐巾紙擦乾（尤其觸鬚更要瀝乾，以免油炸時濺油）。把章魚和馬鈴薯粉放進一個塑膠袋裡，將袋口封住，然後搖晃塑膠袋，讓每一塊章魚都沾到粉。奶油瓜削皮去籽，切成長4公分寬1公分的小塊。在平底鍋裡倒入4公分高的油，加熱到170℃。先炸奶油瓜，等瓜炸熟了，撈出來放在餐巾紙上瀝油。接著炸章魚。在食用前撒上蔥花、花椒和鹽，並將綠檸檬汁擠在上面。

關東煮
ODEN
おでん

4人份

準備時間30分鐘
烹飪時間55分鐘

湯
1.5公升的柴魚昆布高湯
　（參考第12頁）
4湯匙的醬油
4湯匙的味醂
1咖啡匙的鹽
12公分長的白蘿蔔
4顆水煮蛋
2塊蒟蒻

4顆中等尺寸的馬鈴薯
2塊油豆腐（約200克）
2盒魚板*（約200克）
4盒甜不辣**（約150
　克）
日本黃芥末醬***

白蘿蔔切成高度3公分的圓柱。把皮削掉（厚度0.3公分），尖尖的邊緣也切掉，讓蘿蔔在燉煮時不容易裂開；接著在圓形切面上用刀劃十字，讓中心部分也能煮軟。在水裡煮20分鐘後，撈出來瀝水。蒟蒻沿對角線切成兩半，用刀在表面上輕輕劃幾條垂直線和水平線，在燉煮過程中會更容易入味。將甜不辣和魚板沿對角線切成兩半。馬鈴薯削皮後，在滾水裡煮15分鐘。將所有的材料放進大鍋裡。湯煮滾之後轉小火，蓋上鍋蓋繼續燉40分鐘。用碗來裝關東煮，搭配日本黃芥末醬食用。

＊魚板
很輕很軟的魚漿食品。

＊＊甜不辣
油炸過的魚漿食品。

＊＊＊日本黃芥末醬
二辛子
比法國芥末醬唅辣得多。

韃靼竹筴魚
AJINO NAMEROU
鯵のなあろら

4人份

準備時間10分鐘

2條非常新鮮的竹筴魚（2條180克的魚，總重量360克）
4片紫蘇（買不到的話，可用芫荽代替）
2公分長的薑，削去皮
3根細香蔥
滿滿1湯匙的味噌
1咖啡匙的醬油
1咖啡匙的初榨橄欖油

<u>裝飾</u>
4片紫蘇*

請魚販將竹筴魚的頭尾切掉，保留魚身。魚皮剝掉，順著魚
刺將魚肉剖成兩半，拿掉魚刺，把魚切成魚片。把薑和細香
蔥切碎。把紫蘇也切碎。將竹筴魚、香草、薑和味噌放到砧
板上，用大菜刀一邊剁，一邊將所有的材料混在一起，成為
韃靼式肉泥。在碗裡，將剁碎的魚肉和醬油、橄欖油拌勻。
在每個盤子裡擺一片紫蘇作為裝飾，然後把韃靼竹筴魚分配
到各自的盤子裡。

──您可以用沙丁魚代替竹筴魚。這道菜是日本漁夫在船上現
做的料理，適合搭配新鮮爽口的清酒、啤酒或清爽夠味的白
酒食用。

* 紫蘇
學名是Perilla
frutescens
香味很重，是日本常見
的香草。

烤香菇
SHIITAKE GRILLÉS
焼き椎茸

4人份

準備時間5分鐘
烹飪時間10分鐘

10朵新鮮香菇
天然粗鹽
1/2顆有機檸檬或一顆金桔,隨個人喜好(換成柚子或香檸
　　檬也行,或綠檸檬有何不可呢?)
1湯匙的醬油
1段3公分的白蘿蔔,磨成泥

將檸檬汁和醬油調勻。把香菇刷乾淨(不可水洗),去掉蒂
頭。以小火加熱平底鍋(如果平底鍋有附烤架更好)。把香
菇的切口朝上,擺進鍋子裡,以小火烤7分鐘左右,不需要
翻面。
將烤好的香菇擺在盤子上,稍微撒一點鹽(不要太多),附
上蘿蔔泥,淋上調味汁。先直接吃香菇,然後再和蘿蔔泥一
起品嘗。

醃蘆筍
ASPERGES AU DASHI
浸しアスパラガス

4～6人份

準備時間15分鐘
烹飪時間4分鐘
放置時間1小時

1束綠蘆筍

醃料
400～600毫升的柴魚昆布高湯
1撮未精製鹽
1咖啡匙的醬油
1湯匙的味醂
初榨橄欖油

將鹽、柴魚昆布高湯、醬油和味醂調勻。準備一個有蓋的盒子，必需所有的蘆筍都可以完整地擺進去。（您也可以將蘆筍切成喜歡的長度，但我個人偏好整根的蘆筍。）將蘆筍洗乾淨，下面硬的部分切掉，下半段的外皮削掉。在加了鹽的滾水裡燙3～4分鐘（讓蘆筍仍然有一點脆的口感）。將蘆筍浸在冰水中冷卻，可以維持美麗的鮮綠色。將蘆筍取出，放在餐巾紙上吸水。將蘆筍擺進盒子裡，倒入醃料，讓蘆筍完全浸泡在裡面。至少醃1小時。將蘆筍擺在一個深一點的盤子裡，把所有的醃料都倒進去，並加入一點橄欖油。

七味雞翅
TEBA SHICHIMI
手羽七味

4人份

準備時間10分鐘
烹飪時間7分鐘
放置時間1小時

500克的雞翅
1湯匙的天然粗鹽
1瓣大蒜，磨成泥
2湯匙的清酒
1/2顆有機檸檬
七味粉*

先從醃雞翅開始。將雞翅和鹽、清酒、蒜泥放在大碗裡，用手揉捏拌勻。把雞翅蓋起來，在涼爽的地方放置至少1個小時。如果超過1個小時都用不到，就放進冰箱裡。將雞翅沿著骨頭的方向切開。以中火將鍋子加熱之後，將雞翅放上去烤，兩面都要烤到焦黃（大約7分鐘）。

將烤好的雞翅擺在盤子上，直接把檸檬汁擠上去，再撒點七味粉。如果您喜歡，也可以撒鹽。趁熱食用（配啤酒一起吃更美味！）。

※ 七味粉
混合了7種日本香料

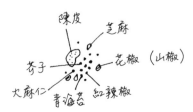

豆腐沙拉
SALADE DE TOFU
豆腐サラダ

4人份

準備時間15分鐘
烹飪時間1分鐘

1盒嫩豆腐（約350～400克）

配料
1/4條小黃瓜
1/4顆紫洋蔥
2條秋葵
任選幾片生菜葉（紅橡葉萵苣、芝麻葉、綜合生菜葉⋯⋯）
滿滿1湯匙的花生

醬汁
3湯匙的麻油
3湯匙的醬油
1湯匙的醋
1小瓣的大蒜，磨成泥
1公分的薑，去皮切碎

將豆腐從盒子裡取出來瀝水。把做醬汁的材料全部拌勻。準備配料。生菜葉洗乾淨。秋葵放在加了鹽的滾水裡煮1分鐘後取出來瀝水，再切成0.5公分的小段。紫洋蔥切成細細的薄片。小黃瓜切絲。花生剁成粗顆粒。把生菜葉鋪在盤底，將豆腐一整塊或切成兩半擺上去（視豆腐的大小而定）。將其他的配料撒在上面。最後才淋上醬汁。

涼拌豬肉薄片
BUTASHABU SALADE
豚しゃぶサラダ

4人份

準備時間20分鐘
烹飪時間10分鐘

300克的豬肉薄片
1/2束茼蒿＊（可用菠菜的嫩芽代替）
2咖啡匙的麻油
1湯匙的烤芝麻粒
1段3公分長的韭蔥蔥白

醬汁
4湯匙的醬油
3湯匙的米醋
2湯匙的蔗糖
2湯匙的麻油
1段2公分長的韭蔥蔥白，切碎
2公分長的薑切碎
1/2瓣大蒜切碎
1咖啡匙的豆瓣醬＊＊

＊茼蒿＝春菊
可食的菊屬植
物，市場就買
得到。（譯
注：照片上是
山茼蒿。）

＊＊豆瓣醬
中國的調味醬，成分
為辣椒和發酵的豆
子。您可以用味噌和
1/2咖啡匙的辣椒
來代替豆瓣醬。

準備一鍋水。水煮滾之後把火力轉到最小（幾乎看不出水面波動），豬肉片下鍋去燙，注意不要黏在一起。肉片燙熟後（顏色完全變白）就熄火，撈出來瀝水。把做醬汁的材料全部拌勻。茼蒿的葉子摘下來，洗淨後瀝水。韭蔥切成細細的蔥絲。先在碗裡將茼蒿葉、麻油和芝麻粒拌勻。將茼蒿葉鋪在盤底，肉片擺上去，再把韭蔥絲撒在上面作為裝飾。食用前淋上醬汁。

海藻沙拉
SALADE D'ALGUES
海藻サラダ

4人份

準備時間15分鐘

10克的綜合海藻：海帶芽、羊栖菜、天草、布海苔……，
　　在日系超市或有機商店就買得到
2公分的白蘿蔔
1/5根的小黃瓜

<u>醬汁</u>

2湯匙的白芝麻醬　　　　　　　1公分的薑，削皮切碎
2湯匙的醬油　　　　　　　　　2湯匙的麻油
1湯匙的蔗糖　　　　　　　　　蒔蘿
2湯匙的米醋　　　　　　　　　烤芝麻粒
1/6顆有機檸檬，榨汁

把乾燥的綜合海藻放進碗裡，以大量的清水浸泡。按照包裝
上的說明等海藻吸水膨脹之後，瀝水備用。白蘿蔔削皮後切
成0.2公分的圓形薄片，再切成0.3公分寬的蘿蔔絲。小黃瓜
先剖成兩半，再斜切成0.3公分的薄片。先將醬汁的所有材
料拌勻，再把海藻、白蘿蔔和小黃瓜加進去一起拌。把拌好
的海藻分配到各人的碗裡，食用前才淋上醬汁，並撒些蒔蘿
和芝麻。

酥炸藕片
CHIPS DE RACINE DE LOTUS
蓮根チップス

4人份

準備時間15分鐘
烹飪時間10～15分鐘（重複油炸的步驟）

1段10～15公分長的蓮藕
1湯匙的米醋
天然細鹽
葵花油

蓮藕削皮後，以廚房刨刀切成薄片。將蓮藕片泡在一大碗水裡，加入1湯匙的醋，這麼做可以去除澱粉，使口感變得脆。浸泡10～20分鐘後，取出瀝水。將蓮藕片放在餐巾紙上，上面覆蓋另一層餐巾紙，儘可能將水分吸乾。在平底鍋裡倒入3公分高的油，加熱到170℃，再將蓮藕片下鍋油炸，注意不要讓它們疊在一起。炸的過程中要翻面2～3次，直到蓮藕片染上一點焦黃色。炸熟的蓮藕片表面會冒出一些小顆粒。取出來放在餐巾紙上瀝油。撒鹽。

雞肉丸
TSUKUNÉ
つくね

4人份

準備時間15分鐘
烹飪時間10分鐘

400克的雞絞肉

1湯匙的醬油

1湯匙的味醂

2根蔥,切成蔥花

1段2公分長的薑,磨成泥

1咖啡匙的麻油

1/3顆蛋

1咖啡匙的玉米粉

葵花油

醬汁

50毫升的醬油

50毫升的味醂

1湯匙的蔗糖

1湯匙的蠔油

1瓣大蒜拍碎

1顆新鮮的蛋黃(可加可不加)

把雞絞肉、薑泥和蔥花放進大碗裡,充分拌勻,使絞肉的質地滑順。加入剩餘的材料攪拌均勻。把雞絞肉揉成直徑大約2公分的丸子,準備做成烤雞肉串,或者揉成如同右圖中比較大顆的丸子(直徑約4～5公分)。平底鍋裡熱油,將雞肉丸放進鍋裡,以中火煎至表面焦黃。將雞肉丸翻面,蓋上鍋蓋繼續加熱,直到中心部分也熟透。將事先拌勻的醬汁倒進鍋裡,轉大火,使醬汁變濃稠。翻動鍋裡的肉丸,讓每顆肉丸的部位都沾到醬汁(動作要快,以免燒焦)。把大蒜挑掉。趁熱食用。

烤雞肉串
YAKITORI
燒き鳥

4～6人份

準備時間20分鐘
烹飪時間40分鐘

2塊去骨雞腿肉
100克的禽肝
2湯匙的醋
100克的禽胗
竹籤或木籤

<u>醬汁</u>
100毫升的醬油
100毫升的味醂
1湯匙的糖
1湯匙的蠔油

把烤雞肉串的醬汁材料全部倒進小鍋裡，以小火加熱，熬煮醬汁，濃縮至原來的一半。小心，這種醬汁很容易燒焦！放在冰箱裡可以保存3個星期。把雞腿的筋抽掉，但是皮要保留：雞皮是烤雞肉串最可口的部位！把雞腿切成1.5×2公分的肉塊。在碗裡以醋清洗禽肝，洗淨擦乾後切成和雞塊相同的大小。禽胗也切成同樣的大小。以竹籤串起一塊雞肉，竹籤末端留下1.5公分的長度，方便手拿，接著再串起3塊雞肉，成為肉串。以同樣的方式將禽肝和禽胗串在竹籤上。如果有瓦斯爐烤架或烤肉爐，就把肉串擺上去烤，不時翻面。在肉串快要烤熟時，用刷子在表面刷一層醬汁。刷過醬汁後，把肉串留在烤架上繼續烤，翻面數次（注意不要烤太焦）。如果沒有烤架，就準備一個容得下肉串的大平底鍋（或者把肉串縮短）。在鍋裡倒點油，把肉串放進鍋裡以中火煎烤。過程中，不時翻面，就像在烤架上一樣。肉串烤熟後，把醬汁倒進鍋裡，稍候一下，等醬汁滾熱了，才開始轉動竹籤使肉串沾上醬汁（小心，這個步驟很容易燒焦）。

炸豆腐丸（飛龍頭）
GANMODOKI
がんもどき

4人份（約8顆丸子）

準備時間25分鐘
烹飪時間7分鐘

1塊豆腐（約400克）
4湯匙的馬鈴薯粉
1/4顆洋蔥
1/4根胡蘿蔔
1顆蛋黃
1湯匙乾燥的羊栖菜*

1撮鹽
1咖啡匙的醬油
葵花油
醬油
2公分長的薑，削皮磨成泥

把豆腐壓成碎塊。在濾網上鋪幾張餐巾紙，把豆腐碎塊擺在上面脫水15分鐘。趁這段時間，讓羊栖菜泡水5分鐘再瀝乾。把胡蘿蔔切成細絲，洋蔥切成0.2公分的薄片。把豆腐放進碗裡，用叉子壓成泥，再加入蛋黃、蔬菜、羊栖菜、馬鈴薯粉和調味料，充分攪拌均勻。在手上倒一點葵花油（避免豆腐泥沾手），將豆腐泥做成直徑約4公分的丸子。用手掌輕壓，使丸子的表面更平整。如果豆腐泥不容易成形，可以利用2根大湯匙幫忙塑形。在鍋裡倒入4公分高的葵花油，以中火加熱到160℃。把丸子放進鍋裡油炸，直到兩面都變成焦黃色（大約6～7分鐘）。將丸子放在餐巾紙上瀝油。沾一點醬油和薑泥（譯注：如圖可撒些蔥絲，顏色更美），趁熱食用。

——選擇一般的豆腐，或是日本超市裡的木綿豆腐。避免使用嫩豆腐，因為含水分太多，不適合做這道菜。如果是在有機商店買到的老豆腐，可以省略脫水的步驟。

*羊栖菜

像細麵條的墨色海藻，
富含礦物質。

居酒屋 IZAKAYA

日本社會的壓力特別大。由身分、性別、年齡所加諸的各種規範，構成了重重的限制。藉由酒精，人們終於能夠放鬆，不再講究這些規範。因此對於日本人來說，居酒屋是不可或缺的場所。

家常菜

UCHISHOKU
內食

對日本人來説，和家人共享美食是一件很重要的事。在日常生活中，與家人用餐時會吃沙拉、燉肉或炸肉排，醃漬魚或煮魚，有時候也會全家人圍坐共享桌上的食物，例如火鍋，或者鼎鼎大名的壽司，不過是家常作法的壽司。

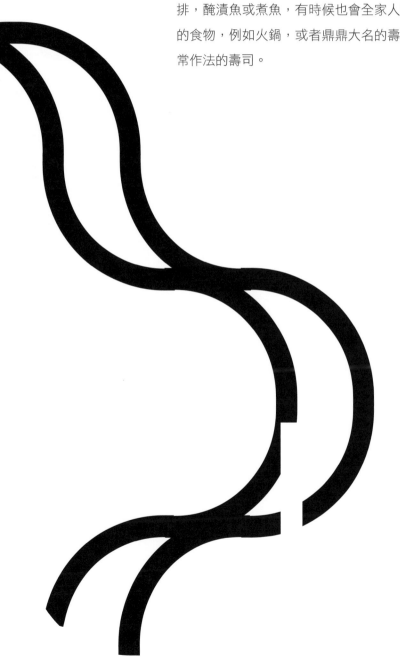

白菜豬肉煎餃
GYOZA AU PORC GRILLÉ
豚と白菜の焼餃子

6人份（每人4～5顆）

準備時間30分鐘
烹飪時間10分鐘

1盒餃子皮（25～30片）

餡料
200克的豬胸絞肉
1顆洋蔥
1/8顆大白菜，切成小塊（或者4片高麗菜）
2咖啡匙的鹽
2公分長的薑削皮，細細切碎
1瓣大蒜，切碎
1湯匙的清酒
1湯匙的麻油
1湯匙的蠔油
1湯匙的醬油
胡椒
葵花油和麻油

沾醬
6湯匙的醬油
6湯匙的米醋
1咖啡匙的糖
1湯匙的麻油

把洋蔥切碎。大白菜切成小塊，撒點鹽拌一下，先在碗裡放10分鐘讓它出水，再用雙手壓，把水分擠掉。如果用的是高麗菜，先在加鹽的滾水裡燙2分鐘，再將高麗菜切成小塊，用雙手壓，把水分擠掉（譯注：法國的高麗菜葉片厚且硬，所以需要先燙過。台灣的高麗菜就免燙了）。在一個大碗裡放入絞肉、醬油、清酒、麻油、蠔油和胡椒，攪拌揉捏3分鐘，然後加入其他的餡料，充分攪拌均勻。

準備包餃子。把1咖啡匙的餡料放在餃子皮中間，手指沾水沿著餃子皮的邊緣抹一圈。將餃子皮對摺，左手的拇指和中指托住餃子的底部，將餃子皮的邊緣捏合。從一端開始，在邊緣約1公分處，以兩根食指捏出S形，重複捏幾次S形，直到另一端為止，餃子就完全黏合了。把包好的餃子放在盤子上，稍為壓一下，讓餃子的底部可以站得住。如果嫌麻煩，直接將餃子對摺，邊緣捏合就行了，反正味道是一樣的！

把沾醬的所有材料拌勻，放在涼爽處備用。開始煎餃子。在平底鍋裡加熱麻油和葵花油（一半一半，兩種油各一湯匙），讓整個鍋面都覆蓋一層油。將餃子放進鍋裡排好，用中火煎。等餃子底部焦黃了，倒入300毫升的水，蓋上鍋蓋，維持中火，繼續加熱7分鐘左右。掀掉鍋蓋，讓鍋裡的水分蒸發。拿一個盤子倒扣在平底鍋上，將鍋子和盤子同時倒過來，餃子煎過的一面就會朝上。沾醬汁趁熱食用。

包餃子 **GYOZA**

01

02

03

04

05

餃子（續篇）

炸芫荽羊肉餃

6人份（每人4～5顆）

準備時間30分鐘
烹飪時間10分鐘

1盒餃子皮（25～30片）
300克的羔羊絞肉

餡料	沾醬
1顆紫洋蔥，切成小丁	100克的小番茄，切碎
1/2束芫荽，切碎	1瓣紅蔥頭，切碎
1瓣大蒜，切碎	1/2束芫荽
2公分長的薑，削皮切碎	1/2顆有機綠檸檬，榨汁
2湯匙的醬油	4湯匙的魚露
1咖啡匙的魚露	2湯匙的橄欖油
1撮蔗糖	1/2顆大蒜，切碎
1湯匙的麻油	1/2咖啡匙的紅辣椒粉
	炸油

將餡料的全部材料充分攪拌揉捏至少3分鐘。以包白菜豬肉餃相同的手法來包餃子。將沾醬的全部材料放進碗裡拌勻，放在涼爽處備用。在鍋裡倒入至少4公分高的油，加熱到170℃。將餃子下鍋，油炸8分鐘，並且不時翻面。將炸好的餃子放在餐巾紙上瀝油。沾醬汁，趁熱食用。

茴香豆腐蝦仁蒸餃

6人份（每人4～5顆）

準備時間30分鐘
烹飪時間10分鐘

1盒餃子皮（25～30片）

餡料	沾醬
200克的大蝦	5湯匙的醬油
100克的豆腐	5湯匙的黑醋
1/2顆小茴香切碎＋1咖啡匙的鹽	1湯匙的麻油
1根蔥切成蔥花	3公分長的薑，削皮切成細細的薑絲
1湯匙的馬鈴薯粉	
1湯匙的蠔油	
1撮鹽	
1湯匙的麻油	
胡椒	

準備餡料。把豆腐用餐巾紙包起來放在盤子裡，上面壓一塊板子，板子上放一碗水增加重量。讓豆腐以這種方式脫水30分鐘。把蝦的殼和頭剝掉，蝦肉用菜刀剁成蝦泥。將小茴香（譯注：在法國，說到小茴香這種食材，指的是球莖的部位，不是葉子）切碎，加鹽拌一下，放10分鐘讓它出水，然後用雙手壓，把水分擠掉。將包裹豆腐的餐巾紙拿掉，在碗裡用手將豆腐壓碎，再拌入餡料的所有材料。以包白菜豬肉餃相同的手法來包餃子。將沾醬的全部材料放進碗裡拌勻，放在涼爽處備用。將蒸鍋加熱，或者將一鍋水加熱，鍋子上架著竹蒸籠（對於蒸的烹調方式來說，蒸籠很好用）。事先在蒸籠裡鋪一層烤盤紙，以免餃子被黏住，將餃子放進蒸籠時，彼此之間也不要碰到。以中火蒸8分鐘。把蒸籠端上桌，直接夾餃子配沾醬食用。

薑燒豬肉
SHOGAYAKI
生姜焼き

4人份

準備時間20分鐘
烹飪時間15分鐘

600克的豬胸肉片（厚度0.5～0.7公分）

醃料
2湯匙的清酒
1湯匙的糖
1湯匙的味醂
2.5湯匙的醬油
3公分長的薑，磨成泥
植物油
1/4顆高麗菜
1顆有機檸檬，切成4等份

將醃料的所有成分放進碗裡拌勻，再把豬肉放進去醃15分鐘。用廚房刨刀將高麗菜切成細絲，分成4份擺在4個大盤子裡，旁邊各放1/4顆檸檬。以大火加熱平底鍋裡的油，把豬肉放進鍋裡翻炒2～3分鐘，兩面都炒到焦黃。小心，豬肉很容易燒焦，如果火力太強，就轉成中火。把醃料倒進鍋裡，和豬肉一起拌炒，當醃料開始呈現焦糖狀，豬肉也都沾上醃料，就可以熄火。把豬肉擺在高麗菜絲的旁邊，鍋裡的醃料淋在上面，如果喜歡，也可以把檸檬汁擠上去，趁熱食用。

蛋包飯
OMURAISU
オムライス

4人份

準備時間20分鐘
烹飪時間15分鐘（每人份）

4碗飯（約800克）
100克的去骨雞腿
1/2顆洋蔥
4顆蘑菇（洋菇）
4湯匙的番茄醬
1湯匙的植物油
1小塊奶油
胡椒
<u>鹽</u>

<u>煎蛋</u>
8顆雞蛋
奶油

把雞腿切成邊長2公分的雞丁。洋蔥切成小塊。蘑菇切成厚度0.5公分的片狀。在鍋裡放入植物油和奶油，以中火加熱讓油融化。先把洋蔥和雞塊炒熟，再把蘑菇加進去炒。把飯也加進去炒。如果飯黏成一團，就一直炒到飯粒鬆開變熱為止。把番茄醬倒進去拌，讓飯粒都能沾到醬。按照個人口味加鹽和胡椒。把炒好的飯放進大碗裡備用。分批製作4份煎蛋。每份煎蛋要打2顆蛋，加1小撮鹽。以中火加熱平底鍋，放入一小塊奶油。將打散的蛋倒進鍋裡，讓蛋汁快速攤開，成為薄而平的煎蛋。把火力轉小，將1/4份量的蕃茄醬炒飯倒在蛋的中間，然後用蛋把飯包起來。以同樣的方式完成另外3份蛋包飯。將蛋包飯盛進盤子裡，淋上蕃茄醬，即可食用。

醃漬炸蔬菜
AGÉBITASHI
揚げ浸し

4人份

準備時間20分鐘
烹飪時間15分鐘
放置時間2小時

1根茄子
2根蘆筍
1/6顆栗子南瓜
1顆紅椒
1段3公分長的蓮藕
葵花油

<u>醃料</u>
200毫升的柴魚昆布高湯
　（參考第12頁）
90毫升的醬油
50毫升的味醂
50毫升的米醋

把醃料的所有材料倒進一個大碗裡拌勻（之後的炸蔬菜也會浸在裡面）。將茄子切成大段（3.5公分），放進鹽水裡浸5分鐘。茄子就和海綿一樣，為了避免它吸太多油，最好事先浸鹽水（而且這麼做能夠保留美麗的紫色）。把茄子擦乾（不然可能會被油炸時濺出來的油燙傷）。把蘆筍切成3段。把紅椒的籽、蒂頭和裡面的白色部分通通拿掉，先直剖成兩半，再切成寬2公分的小塊。將栗子南瓜以不規則的方式削皮，保留某些部分的外皮，再切成厚度1公分的片狀。

在鍋裡倒進至少4公分高的油，以中火加熱到170℃。將茄子放進鍋裡，油炸到表面略微焦黃而且變軟。先在餐巾紙上瀝油，然後放進醃料碗裡。請注意，鍋裡不要同時放進太多蔬菜，這樣會降低油的溫度。補充一些油到鍋裡，繼續油炸紅椒、蘆筍和南瓜，當蔬菜熟了而且顏色仍然鮮豔時就可以起鍋（我偏好蔬菜還有一點脆的口感，比較有味道）。和茄子一樣瀝油之後放進醃料裡，醃至少2小時。這道菜可以裝在大碗裡直接端上桌。放到第二天會更美味。

醃漬鯛魚蓋飯

TAI ZUKE DON

鯛の漬け丼

4人份

準備時間25分鐘

300～400克的鯛魚片
1顆非常新鮮的蛋黃
1根細香蔥切成蔥花
4大碗飯（參考第10頁）

醃料
4湯匙的醬油
2湯匙的味醂
1/2湯匙的麻油
1/2顆黃皮洋蔥

洋蔥去皮，順著纖維的方向切成很薄的薄片。將洋蔥與醬油、味醂和麻油拌勻。把鯛魚切成薄片，和洋蔥拌在一起。讓鯛魚醃15分鐘。在大碗裡盛飯，將醃過的鯛魚和洋蔥鋪在飯上，再淋上1湯匙的醃料。把蛋黃放在碗的中間（譯注：4人份應需要4顆蛋黃），並撒上蔥花。

味噌鯖魚
SABA NO MISONI
鯖の味噌煮

4人份

準備時間25分鐘
烹飪時間15分鐘

8片鯖魚（如果是大條的鯖魚，4片就夠了）
350毫升的水
150毫升的清酒
50毫升的味醂
2湯匙的醬油
2.5湯匙的糖
3湯匙的味噌

<u>裝飾（可加可不加）</u>
韭蔥和薑，去皮切成細絲

將鯖魚放進大平底鍋裡，不要互相重疊。將味噌以外的調味料全部加進鍋裡，煮滾後轉成中火。不時用湯匙舀醬汁淋在魚肉上，並且將泡沫撈掉。持續煮6分鐘。將4湯匙的醬汁舀進碗裡，加入味噌充分調勻之後，再倒回鍋裡。轉小火繼續煮10分鐘左右，讓醬汁逐漸減少（小心不要讓醬汁燒焦）。將鯖魚分配到各人的盤子裡，並淋上醬汁。如果您喜歡，也可以撒些蔥絲和薑絲作後為裝飾。

日式炸豬排
TONKATSU
とんかつ

4人份

準備時間10分鐘
烹飪時間6分鐘

4塊厚度1.5～2公分的豬背脊肉＊
滿滿4湯匙的麵粉
2顆蛋打散
50克的麵包粉
植物油
豬排醬＊＊

將麵粉、打散的蛋汁和麵包粉分別裝在不同的容器裡。豬肉依序沾麵粉、蛋汁和麵包粉（用手幫忙壓一下，讓麵包粉沾上去）。把每一塊肉上沾太多的麵包粉輕輕撥掉。準備一個大平底鍋，可以同時擺進4塊肉（不然就分兩次處理，免得肉疊在一起）。在鍋裡倒入2公分高的油，加熱到170℃。把肉放進鍋裡油炸，每一面需要3分鐘左右，兩面都炸成美麗的焦黃色。把肉拿出來放在餐巾紙上瀝油。將豬排切成2公分寬的長條，淋上豬排醬。

＊位於豬背脊部位的里肌肉排肥瘦適中，頗受日本人青睞。您也可以用無骨的肉片來取代背脊肉。
＊＊豬排醬是用水果和香料調配出來的。如果買不到現成的，可以試著自己做，將3湯匙的番茄醬、3湯匙的伍斯特（Worcestershire）醬、1湯匙的蠔油、1咖啡匙的糖和1咖啡匙的檸檬汁混合調勻，就成了自製豬排醬。

雞肉丸火鍋
TORIDANGO NABE
鶏団子鍋

※韭菜
别名中國細香
蔥,吃起来有
一股温和的
蒜味。

4人份

準備時間20分鐘
烹飪時間15分鐘

雞肉丸

350克的雞絞肉
1顆蛋
2湯匙的馬鈴薯粉
1/2顆洋蔥
1段2公分長的薑,削皮
　　切碎
4粒扇貝(可加可不加)
1咖啡匙的醬油
胡椒

湯底

1.2公升的柴魚昆布高湯
　　(參考第12頁)
1塊4公分長的昆布
100毫升的清酒
2湯匙的味醂
2湯匙的醬油
1撮鹽

配料

1/2顆 或 1顆萵苣(紅
　　橡葉萵苣、結球萵
　　苣……自行選擇)
1束韭菜*
1束酸模(或芝麻菜)
2把芝麻菜
1根韭蔥的蔥白
1盒豆腐(約400克)
10朵香菇(深棕色的日
　　本蘑菇)

沾醬

4湯匙的醬油
2湯匙的米醋
1/4顆柚子,榨汁

調味料

細香蔥的蔥花
七味粉(綜合香料)
柚子胡椒醬

將所有的蔬菜洗乾淨。把韭蔥斜切成2公分的小段,韭菜切成2段,萵苣葉分開,香菇的蒂頭切掉,豆腐切成邊長3公分的方塊。在一個碗裡將雞肉丸的所有材料攪拌均勻,放在涼爽處備用。

將湯底的全部材料倒入一個附鍋蓋的湯鍋裡,以中火煮滾之後,先把昆布撈出來,再把一半份量的豆腐、韭蔥和香菇放進鍋裡。利用2根湯匙,將1/3份量的雞肉泥做成一顆顆的肉丸,放進湯裡。蓋上鍋蓋,讓雞肉丸煮5分鐘。丸子煮熟了,就會從鍋底浮上來。

把湯鍋直接端上桌,擺在爐子上。等萵苣葉下鍋,大家就可以開始享用火鍋了。鍋裡的食物已經有調味了,不過如果您喜歡,可以在自己碗裡加1~2咖啡匙的沾醬。要加調味料的人也可以自行斟酌。火鍋的配料是分批逐次下鍋現煮的,用餐的人可依自己的喜好,把想吃的配料放進鍋裡。

雜炊粥
ZOSUI
雜炊

4人份

準備時間3分鐘
烹飪時間2分鐘
放置時間3分鐘

剩下的火鍋湯
4碗飯（參考第10頁）
2顆蛋
5根細香蔥

將火鍋湯裡的剩料（如果還有剩的話！）撈出來。把飯倒進去，用鍋鏟將飯粒鬆開，或者在飯下鍋以前，先用熱水稍為沖一下。蓋上鍋蓋，用小火燜5分鐘。掀開鍋蓋，把事先在碗裡打散的雞蛋倒進鍋裡，不要攪拌，直接蓋上鍋蓋，熄火。等3分鐘讓粥入味。撒上細香蔥。把粥盛進各人的碗裡。

——雜炊粥是火鍋最美味的部分，因為所有配料的香味都被湯吸收了。即使已經吃飽了，雜炊粥還是令人難以抗拒。

豆漿鍋
TONYU NABE
豆乳鍋

4人份

準備時間20分鐘
烹飪時間20分鐘

米 韭菜
別名中國細香
蔥,吃起來有
一股溫和的
蒜味。

湯底
600毫升的柴魚昆布高湯(參考第12頁)
600毫升的原味豆漿(無糖)
4公分長的昆布
3湯匙的黃味噌
2湯匙的味醂
1/2湯匙的醬油
1小撮鹽

1/2顆大白菜
1束韭菜*
1根胡蘿蔔
1/2根白蘿蔔
1根韭蔥(蔥白部分)
1盒豆腐(約400克)
10朵香菇(深棕色的日本蘑菇)
300克的豬肉薄片

調味料
七味粉**

米米 七味粉
混合7種日本香料
(陳皮、芝麻、
花椒、紅辣
椒……)

將所有的蔬菜洗乾淨。把蔥韭斜切成2公分的小段,韭菜切成每段4公分,大白菜橫切成3段,香菇的蒂頭切掉。胡蘿蔔削皮,斜切成大塊,再把每一塊剖成兩半。白蘿蔔削皮,切成厚度0.5公分的圓片。肉片切成3公分寬。豆腐切成邊長4公分的方塊。

將柴魚昆布高湯倒進一個附鍋蓋的湯鍋裡,並放入昆布。點火煮湯,把一半份量的韭蔥、大白菜、胡蘿蔔和白蘿蔔加進鍋裡,蓋上鍋蓋。等湯滾了,轉中火再煮10分鐘。把豆漿、味噌(事先用少量的豆漿稀釋調勻)、味醂和醬油倒進鍋裡,必要的話還可以加鹽。把一些肉片、香菇和豆腐(份量依照個人的喜好)加進去。蓋上鍋蓋,繼續以小火或中火加熱十幾分鐘,注意不要讓豆漿滾沸溢出。

當鍋裡的配料都熟了,把火鍋端上桌,放在爐子上(如果您有火力較強的爐具,例如電爐或瓦斯爐,加熱的效果當然更好)。吃火鍋要在湯滾的時候才能加入新的配料。最後才把韭菜放進去,因為韭菜燙一下就熟了。讓用餐者自己挑選想吃的東西,放進自己的碗裡食用。可以依個人的口味撒些七味粉。等鍋裡煮熟的配料吃光了,再把新的配料分批逐次加進鍋裡,讓每樣食材的烹煮時間都能恰到好處。

——您可以利用這道火鍋剩下的湯,和現成的飯做成燉飯。或者把熟的烏龍麵加進去煮,也很美味。

牛肉壽喜燒
SUKIYAKI
すき焼き

4人份

準備時間15分鐘
烹飪時間15分鐘

米 茼蒿
＝春菊
冬天日本人很喜
歡吃茼蒿。

米米 蒟蒻麵
＝白滝
白色的
麵，超市就
買得到。

600克的牛肉片

配料
1盒蒟蒻麵＊＊（約400克）
500克的豆腐
1根韭蔥
1盒鴻喜菇（日本蘑菇）
1/4顆大菜
1/2束茼蒿＊或芝麻菜
100～200毫升的柴魚昆布高湯
4～6顆非常新鮮的有機雞蛋
熟的烏龍麵

壽喜燒醬汁
100毫升的醬油
100毫升的清酒
3湯匙的蔗糖

把蒟蒻麵仔細洗乾淨，瀝水，再切成3段。把鴻喜菇洗乾淨，剝成好幾塊。把韭蔥的蔥白斜切成2公分長的小段。把茼蒿洗乾淨，切成2段（或是換成芝麻菜）。把豆腐切成邊長3公分的方塊。把大白菜洗乾淨，橫切成3段。

將一半份量的配料放進湯鍋裡，最好能讓各種配料並列而不散亂。必要的話，以平底鍋取代湯鍋，配料之間就不會有太多的空隙。倒入壽喜燒醬汁，蓋上鍋蓋，以中火加熱10分鐘左右，然後放入一半份量的牛肉。在每個人的碗裡打1顆蛋，用筷子稍為打散。

等配料熟了，就把鍋子端上桌，放在爐子上。讓用餐者自行挑選想吃的食物放進自己的碗裡，沾蛋汁食用。當鍋裡的配料吃完了，可依用餐者的喜好，加些新的配料下去煮。如果醬汁不夠，可加些柴魚昆布高湯。吃到最後，鍋裡已經沒剩下配料時，就把熟的烏龍麵加進去煮。

食器專賣店 QUINCAILLERIE

想要買餐具或烹飪用具的人，在東京有幾個專賣區可以去選購，例如合羽橋道具街就是專賣廚房用品。日本的烹飪用具五花八門，光是刀，就有小魚專用、大魚專用、體型很長的魚專用、蔬菜專用……種類繁多，要磨碎芝麻粒有專門的碗，要磨山葵醬、薑泥或蘿蔔泥也各有不同的研磨器。

當然，只有一把刀也是可以做菜，不過如果是熱愛廚藝（又想做出好菜）的人，這些廚具即使不能說是缺一不可，至少也是基本配備吧！

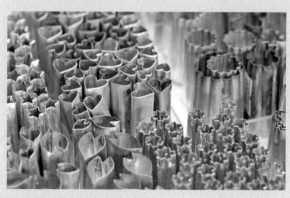

可樂餅
KOROKKE
コロッケ

4人份（約8塊）

準備時間30分鐘
烹飪時間45分鐘

600克的馬鈴薯不限品種
　（我用的是Bintje種的馬鈴薯）
1顆洋蔥
150克的豬絞肉
1湯匙的葵花油
1咖啡匙的醬油
1湯匙的味醂
2撮天然鹽

胡椒
1杯麵粉
2顆雞蛋
2杯麵包粉
葵花油
豬排醬

把洋蔥切成小丁。以中火加熱平底鍋裡的油，炒洋蔥丁。當洋蔥炒到透明時，加入絞肉，繼續拌炒4分鐘（把肉炒熟）。加入醬油和味醂調味。準備一大鍋滾水，將馬鈴薯連皮，最好是整顆，放進去煮熟。如果時間不夠，可先切成兩半再下鍋煮。將煮熟的馬鈴薯瀝水去皮，放在大碗裡用湯匙或鍋鏟壓碎（不必壓成薯泥）。加入炒好的洋蔥和豬肉拌勻，撒鹽和胡椒調味。先做成8顆長形的丸子，然後再壓扁（就像薯餅）。
準備3張盤子，第一張盤子裡放麵粉，第二張盤子放2顆打散的蛋，第三張盤裡放麵包粉。薯餅先沾麵粉，再沾蛋汁，最後沾麵包粉。鍋裡倒入高度至少3公分的油，加熱到180℃。把可樂餅放進鍋裡油炸，直到表面出現美麗的焦黃色。炸好的可樂餅放在餐巾紙上瀝油。趁熱食用，可以加豬排醬，也可以不加。

日式涼麵
HIYASI CHUKA
冷やし中華

4人份

準備時間25分鐘
烹飪時間25分鐘

米 豆瓣醬
中國的調味醬，成分為辣椒和發酵的豆子。您可以用味醂和1/2咖啡匙的辣椒來代替豆瓣醬。

4包中華麵（乾麵）
1根小黃瓜
1隻去骨雞腿
2片厚度0.3公分的薑片，不削皮
2顆雞蛋
糖
麻油

醬汁
4湯匙的醬油
2湯匙的米醋
2湯匙的芝麻醬＊＊
　　（可加可不加，為了讓醬汁更濃稠）
2湯匙的雞高湯（留下煮雞肉的水）
1.5湯匙的蔗糖
2湯匙的麻油
1/2韭蔥的蔥白
1段3公分的薑
1咖啡匙的豆瓣醬＊

先在鍋裡把水煮滾，再把雞肉和薑片放進去，轉小火煮15分鐘左右。讓雞肉留在鍋裡冷卻。將雞蛋加一撮糖打散。在平底鍋裡放一點麻油，把蛋汁倒進鍋裡，做成薄的煎蛋。把煎蛋切成3份，再疊起來切成絲。小黃瓜斜切成薄片，再切成絲。把雞肉切成厚度1公分的肉片。把韭蔥和薑細細切碎。在一個大碗裡，將醬汁的所有材料混合拌勻。

根據麵條包裝上的說明把麵條煮熟。將煮好的麵條瀝水，然後放在水龍頭底下沖冷水，把多餘的澱粉去掉（很重要的步驟，這樣麵條的口感才會好）。把配料擺在麵條上，食用前才淋上醬汁。

＊＊芝麻醬在有機商店就買得到，日本超市裡也買得到芝麻醬。

馬鈴薯燉肉
NIKUJYAGA
肉じゃが

4人份

準備時間15分鐘
烹飪時間30分鐘

5顆大的馬鈴薯或10顆小的
200克的牛肉片
1顆黃洋蔥
1湯匙的烤芝麻粒
2湯匙的麻油（冷壓）

2杯柴魚昆布高湯（作法
　　參考第12頁）
50毫升的醬油
50毫升的清酒
50毫升的味醂
2湯匙的蔗糖

將洋蔥斜切成寬2公分的小塊，馬鈴薯削皮，切成4大塊（小馬鈴薯就切成2塊）。在湯鍋裡加熱麻油，把肉一片一片放進鍋裡（不要一次全部倒進去，免得黏成一團）炒1分鐘。把馬鈴薯和洋蔥也加進去，再炒1分鐘。把2杯高湯倒進鍋裡，並加入醬油、清酒、味醂和糖調味。等湯汁滾了，蓋上鍋蓋，以中火燉10分鐘。掀開鍋蓋，轉小火繼續燉15分鐘左右，讓湯汁蒸發，而且不時攪拌一下鍋裡的肉和蔬菜。當湯汁蒸發到剩下1/3的份量時就熄火。裝在大碗裡端上桌，並且撒一些芝麻粒。

竹莢魚南蠻漬
NANBAN NUKÉ
南蛮漬け

4人份

準備時間15分鐘
烹飪時間10分鐘
放置時間15分鐘

12條小竹莢魚
5湯匙的麵粉
1根胡蘿蔔
1/2顆紫洋蔥
1段2公分的薑
葵花油

醃料
120毫升的醬油
120毫升的米醋
50毫升的水
1湯匙的蔗糖
1塊3×3公分的昆布
紅辣椒（可加可不加）

將洋蔥切絲，胡蘿蔔和薑切成細絲。將醃料的所有材料放進碗裡拌勻。如果喜歡辣椒，可以加一點切碎的辣椒。把洋蔥和胡蘿蔔加進醃料裡（譯注：薑絲應該和胡蘿蔔、洋蔥同時放進醃料裡）。把竹莢魚的頭切掉，內臟掏乾淨。用餐巾紙把魚身內外擦乾。把麵粉倒在一個平的盤子上。讓竹莢魚沾上麵粉，把多餘的麵粉撥掉。加熱平底鍋裡的油（差不多3公分高的油，加熱到160℃），把竹莢魚放進鍋裡油炸（大約10分鐘），在這個過程中要翻面好幾次，魚的口感才會酥脆，顏色也會變成美麗的焦黃。取出竹莢魚，放在餐巾紙上瀝油。把炸好的魚放進醃料的大碗裡，小心地和其他的配料拌勻。讓魚肉至少醃15分鐘（甚至可以放到第二天，味道還是很棒）。

鹹豬肉佐辣味噌醬
SHIOBUTA À LA SAUCE MISO ÉPICÉE
茹で塩豚の辛み味噌

＊ 苦椒醬＝고추장
這是韓國的辣椒醬，主要成
分為辣椒和發酵的大豆，
味道微雜極辣。這種韓國
調味料在日本很常見。

4～6人份

準備時間20分鐘
烹飪時間1小時10分鐘
放置時間1～4天

500克的去骨豬胸肉
15克的給宏德（Guérande）粗海鹽
1塊3×3公分的昆布

醬料
2湯匙的味噌
1湯匙的苦椒醬＊
1湯匙的蔗糖
1湯匙的味醂
2湯匙的麻油
1咖啡匙的醬油
1湯匙的芝麻粒
1咖啡匙的薑，切碎
1/2瓣大蒜，磨成泥
3公分長的韭蔥，取蔥白切碎

配料
1/2顆萵苣
8片紫蘇
個人所選的香草
3公分長的韭蔥蔥白

在做這道菜的前幾天，先將豬肉用鹽搓揉過，再用保鮮膜包起來，在冰箱裡放1～2天，讓豬肉入味。這種生的鹹豬肉甚至可以放4天。

把豬肉放進鍋裡，倒入份量足以覆蓋住豬肉的水，並加入昆布。以中火加熱，等水滾了，就轉小火繼續煮1小時。熄火，讓豬肉留在鍋裡冷卻。趁豬肉已經不燙仍有微溫時，從鍋裡取出並切成厚度1公分的肉片。　把韭蔥切成細細的蔥絲。將豬肉片、萵苣、紫蘇、韭蔥和您所選的香草擺在一個大盤子上，醬料放在旁邊，並且附上一根咖啡匙。品嘗的時候，把豬肉放在一片萵苣葉上，加上1咖啡匙的醬料和一些香草，然後把萵苣葉捲起來，將豬肉、醬料和香草都包在裡面。

──吃這道菜時嘴巴要張大！我也很喜歡加一點飯在萵苣卷裡。這道源自於韓國的料理，如今在日本很受歡迎。家母會做這道菜，不過她放的不是豬肉，而是沙丁魚生魚片。這種組合也很好吃。如果您在市場上買到很新鮮的沙丁魚，不妨試試看。

滷豬肉
NIBUTA CHASYU
煮豚

4～6人份

準備時間15分鐘
烹飪時間1小時15分鐘

4顆水煮蛋（蛋怎麼煮可自行決
　定，我個人極為偏好軟的蛋）
1條500克的豬肉（要帶肥肉）
1整根韭蔥
1段3公分長的薑，外皮洗淨保留
3顆八角
200毫升的清酒

200毫升的醬油
70克的蔗糖
2湯匙的蠔油
大約1公升的水

裝飾
1段5公分長的韭蔥蔥白

將韭蔥切成3段，薑切成3片，豬肉切成2～3大塊。除了雞蛋以外，所有的材料都放進鍋裡。最好不要讓肉塊疊在一起，所以要選一個夠大的鍋。水量要能夠蓋過豬肉。將鍋裡的水煮滾之後轉小火；滷豬肉的前30分鐘蓋上鍋蓋，後30分鐘把鍋蓋拿掉。將豬肉取出，剩下的滷汁以大火加熱收汁，濃縮到只剩原來的一半。把豬肉放回鍋裡，一直翻面，讓每個部位都能沾到滷汁。同時把水煮蛋整顆放進去滷。熄火後把豬肉和滷蛋留在鍋裡一小段時間。把豬肉切成肉片，澆上滷汁，撒些切得很細的韭蔥蔥花作為裝飾。這種作法的滷豬肉可以搭配拉麵（參考第46頁）。

—您可以把滷汁裝在小玻璃罐裡保存2週，也可以將它做成拉麵的湯（參考第46頁），或者取代醬油當作調味料用（例如在煎炒肉片的時候加滷汁）。

家常菜

高麗菜卷
ROLL KYABETSU
ロールキャベツ

4人份

準備時間20分鐘
烹飪時間45分鐘

8片皺葉高麗菜
日本黃芥末醬
細香蔥的蔥花

1段2公分長的薑，切碎
1湯匙的醬油
1撮鹽

餡料
500克的豬絞肉
50克的米飯
　（讓口感柔軟，參考第10頁）
2朵乾香菇
400毫升的水
1顆洋蔥，切碎成小丁

高湯
1湯匙的醬油
2湯匙的味醂
1咖啡匙的鹽
2湯匙的清酒
400毫升的柴魚昆布高湯
　（作法參考第12頁）

將乾香菇放進300毫升的水裡浸泡至少3小時，直到香菇變軟（您可以在前一晚先泡香菇）。把泡過香菇的水留下來當高湯用。將香菇的蒂頭去掉，其他部分切成小丁，與餡料的其他材料充分攪拌揉捏均勻。

大鍋裡煮水，把高麗菜葉放進熱水裡煮1分鐘。這麼做是為了使菜葉變軟，才能夠拿來包餡料。取1/8份量的餡料擺在一片菜葉上，將菜葉的下面和兩邊摺進來，再往上捲，把餡料包起來做成菜卷。把菜卷放進鍋裡，讓它們貼緊並排。將熬高湯的全部材料和泡過香菇的水倒進鍋裡，先用中火煮滾，再轉小火蓋上鍋蓋，續煮30分鐘左右，直到菜卷變軟。必要的話，可不時用湯匙將高湯淋在菜卷上。食用時可搭配日本黃芥末醬，並撒上細香蔥的蔥花。

壽司晚餐 SOIRÉE SUSHI

4～6人份

製作時間40分鐘
準備時間40分鐘

配料

1條小黃瓜
4顆雞蛋
1湯匙的蔗糖
1湯匙的醬油
1片非常新鮮的有機鮭魚（約150克）
150克非常新鮮的鮪魚
10隻大蝦
1盒鹹鮭魚卵
5根秋葵
10片紫蘇
10片萵苣（紅橡葉萵苣或其他您喜歡的萵苣）
10片海苔

將小黃瓜切成長條，再切成每段4公分。把雞蛋做成日式煎蛋卷（參考第20頁），然後切成4公分的長條。把鮭魚切成兩片，每片寬約5公分，然後再切成厚度0.7公分的魚片。把大蝦的頭拿掉，沿著背部插進一根牙籤，再放進滾水裡煮4分鐘。牙籤拿掉，蝦殼剝掉，從腹部切開，但是不要切斷。把鮪魚和鮭魚一樣切成厚度0.7公分的魚片，或者像煎蛋卷一樣切成4公分的長條。把秋葵放進鹽水裡煮1分鐘，瀝水後直剖成兩半。將紫蘇和萵苣葉洗乾淨。

01

02

壽司醋

300毫升的米醋
6湯匙的白糖
6咖啡匙的鹽
3×3公分的昆布

將所有的材料放進鍋裡，以小火加熱並且加以攪拌，使糖和鹽溶解。在滾沸之前就熄火，連同昆布裝進罐子裡，放在冰箱裡備用。

醋飯

4杯米（1杯＝180毫升）
140毫升的壽司醋（重量大約是米飯的10%）

先將米煮成一般的飯（參考第10頁），不過水的用量要比平常煮飯時減少4湯匙。把剛煮好熱騰騰的飯倒進一個大碗或者沙拉碗裡，再借助飯匙將壽司醋淋到飯上（讓醋沿著飯匙流到飯的各個角落）。 一手拿飯匙「切」進飯裡，將飯和醋拌勻，另一手拿扇子將飯搧涼。小心不要把飯粒壓扁。蓋上一條濕的餐巾備用。千萬不要把醋飯放進冰箱裡，否則飯的口感會完全被破壞掉。

訣竅

壽司醋放在冰箱裡可以保存3個星期。一次準備夠多的量，下次可以使用。

手卷與壽司卷 MIKI TEMAKI

手卷

準備製作手卷：把海苔裁成4份。將海苔放在手掌上，飯鋪在對角線上，您自己挑選的配料順著同樣的方向擺在飯上，再以對角線為軸心將海苔捲起來。如果您打算放比較多的配料，就把海苔裁成2份，變成2塊長方形。大手卷的作法和小手卷相同，不過只有一邊的海苔上鋪著飯。您可以在範圍加寬的飯上擺更多配料，再把海苔卷起來做成尖筒狀的手卷。

01

03

02

01

02

壽司卷

準備製作壽司卷：把一片海苔（或者用半片海苔製作細卷）鋪在壽司竹簾上。將手沾濕，抓一撮飯鋪在海苔上。飯不要放太多，不然要把海苔捲起來的時候，飯可能會滿出來。也不要把飯鋪滿整片海苔，下面（開始捲的那一側）要留1公分的空隙，上面（離您身體遠的那一側）留3公分的空隙。將您喜歡的配料，例如：鮭魚＋酪梨＋煎蛋＋小黃瓜鋪在飯上。想辦法將這些排成一列的配料重疊擺放，不要讓配料超過2～3列。隔著竹簾，將靠近您這邊的海苔掀起來，輕輕壓在配料上，讓配料就定位。小心地捲動，直到遠近兩側的海苔貼合在一起。將壽司卷移到竹簾中央（海苔貼合面朝下，以免整卷散掉），透過竹簾稍微壓一下，讓壽司卷漂亮定型。您也可以將海苔裁成2片做成細卷，不過頂多只能放一、兩樣配料，作法和大壽司卷相同。

03

04

鯛魚生魚片沙拉
SALADE DE SASHIMI DE DAURADE
鯛の刺身サラダ

4人份

準備時間20分鐘
烹飪時間1分鐘

2片非常新鮮的鯛魚
1/4根胡蘿蔔
1/2條小黃瓜
1/2顆洋蔥
1/2顆蕪菁
1/2顆白蘿蔔
個人喜歡的香草（薄荷、蒔蘿、芫荽……）
1湯匙的烤花生，切成大顆粒
1段3公分長的韭蔥蔥白

醬汁
1顆有機綠檸檬，榨汁
3湯匙的醬油
胡椒
2湯匙的花生油（或葵花油）
1湯匙的麻油

將洋蔥縱切成薄片。剝掉韭蔥的外皮，再切成極細的蔥絲。將韭蔥泡水10分鐘，藉此消除辛辣的氣味。然後，將韭蔥瀝水備用。把蕪菁切成很薄的半圓形薄片，其他的蔬菜切絲。將韭蔥以外的蔬菜全部放進一個大碗裡拌勻。將鯛魚切成厚度0.7公分的魚片。先把綜合蔬菜沙拉擺在大盤子上，接著放鯛魚片，最後把韭蔥絲鋪在中央，並撒上香草與花生顆粒。

要品嘗這道菜之前，在小鍋裡將兩種油混合加熱，等到油開始冒一點煙，就將混合的熱油淋在沙拉上，再加入醬油和綠檸檬汁。將所有的材料拌勻後食用。請注意，油加熱後會變很燙，在熱油的時候一定要隨時監看，一看到油冒煙就熄火，立刻淋在沙拉上。淋熱油的作法讓這道菜有一股煙燻的香味。

竹簍涼麵

SÔMEN

素麵

4人份

準備時間20分鐘
烹飪時間30分鐘

1根茄子
1湯匙的麻油

麵沾醬
400毫升的水
150毫升的味醂
200毫升的醬油
1咖啡匙的蔗糖
1撮柴魚片
1塊5×5公分的昆布

配料
1/2根小黃瓜
8根秋葵
3顆雞蛋
1撮蔗糖
1/2片海苔
1塊3公分長的薑，磨成泥
烤芝麻粒
1根細香蔥
320～400克的素麵

把麵沾醬的所有材料放進鍋裡，以小火加熱20分鐘後熄火。將這種醬汁裝在乾淨的玻璃罐裡放進冰箱，可以保存2個星期。將茄子縱切成3份（譯注：看茄子的切法，應該不是長條茄子，而是圓圓胖胖的日本茄子），再切成厚度0.7公分的小塊。在鍋裡熱油，將茄子放進鍋裡炒過，然後倒入麵沾醬，以中火煮5分鐘。熄火放涼之後放進冰箱裡。這種茄子口味的麵沾醬可以保存3天。

雞蛋加1撮蔗糖做成炒蛋。小黃瓜先切成每段5公分，再切成細絲。秋葵放進滾水裡煮1分鐘，撈出來切成薄片。細香蔥切成細細的蔥花。把海苔剪成絲。

請注意，麵條等到要吃的時候才現煮，不然口感會變差。將大量的水放進鍋裡煮滾之後，把麵條放進去，按照包裝上的說明將麵條煮熟。將煮好的麵條瀝水，然後用水沖洗搓揉1分鐘（過程中會流掉相當多的水），將多餘的澱粉徹底去除。這個步驟千萬不能省略！
將麵條擺在一個大竹簍上，底下墊個盤子。如果有冰塊的話，在麵條上放幾個冰塊。如果沒有竹簍，就直接擺在盤子上。將所有的配料分別裝在小盤子上（細香蔥、薑泥、海苔絲和芝麻粒）。按照各人的口味將麵沾醬稀釋（以一杯麵沾醬來說，我喜歡加1/2杯的水），每個人都有一碗自己的醬汁。要品嘗的時候，把喜歡的配料放進自己的碗裡。將麵條浸在醬汁裡食用。

──您可以變換碗裡的配料，玩出各種組合。如果醬汁被稀釋得太淡，就再加一點麵沾醬。

蔬菜煮浸
NIBITASHI
煮浸し

4人份（約8顆丸子）

準備時間5分鐘
烹飪時間5分鐘

1束水菜＊（約250克）
2片油炸豆皮
300毫升的柴魚昆布高湯 （參考第12頁）
1撮鹽
1湯匙的味醂
1咖啡匙的醬油

將水菜洗乾淨切成小段，每段5公分長。將豆皮放在濾網上用滾水沖洗，把表面多餘的油洗掉。將豆皮翻面，重複同樣的步驟。將豆皮瀝水，切成1公分寬的長條。在鍋裡倒入柴魚昆布高湯、味醂、鹽和醬油，煮滾之後把水菜和豆皮加進去，攪拌翻炒1分鐘。熄火。將水菜和豆皮放進各人的小碗裡，再淋上柴魚昆布高湯。

＊水菜
原產於日本
的生菜，味道
有點像芥菜
菜，很適合
做沙拉。

蓮藕羊栖菜沙拉
SALADE DE RACINES DE LOTUS ET HIJIKI
ひじき蓮根のサラダ

4人份

準備時間20分鐘
烹飪時間3分鐘

100克的蓮藕
5克的羊栖菜 *
1撮鹽
20克的水菜
1/4顆紫洋蔥

調味料
2湯匙的橄欖油
1湯匙的醬油
1湯匙的米醋
1撮天然粗鹽
1/2瓣大蒜，磨成泥

把調味料的材料充分混合均勻。
洋蔥切成很薄的薄片，泡水10分鐘後瀝乾。羊栖菜泡水15分鐘，然後瀝乾。蓮藕削皮，切成圓形薄片。如果蓮藕很粗，就切成半圓形薄片。將蓮藕泡水5分鐘，然後瀝乾。把鍋裡的水煮滾，加一撮鹽。先把蓮藕煮熟，但是要保留脆脆的口感，所以燙個1～2分鐘就要撈起來瀝水。用同一鍋水煮羊栖菜（同樣燙1分鐘就夠了），然後撈起來瀝水。把水菜洗乾淨，切成3公分長的小段。要食用之前，將所有的材料放進一個沙拉碗裡，充分混合均勻。

※羊栖菜

羊栖菜芽

羊栖菜
比較長，像黑色
的細麵條

鰹魚生魚片佐香草
KATSUO NO TATAKI
鰹のたたき

4人份

準備時間15分鐘

400克新鮮的生鰹魚
15公分長的白蘿蔔
2顆茗荷*
3片紫蘇葉
1瓣大蒜
1顆酢橘**
醬油

鰹魚的處理方式有2種,在此介紹的是第一種:用瓦斯爐的火焰或者燒稻草的火焰(比較正統的作法)將鰹魚的每一面稍微燒炙過,當表皮變色時,就將魚肉浸在冰水裡,然後擦乾。第二種作法省略這個步驟。家父比較喜歡第二種作法,因為他認為燒炙會改變魚肉的口感和味道。我個人對這兩種作法都很喜歡。燒炙魚肉表面時,可以聞到魚皮有淡淡的煙燻味。所以在這個步驟之後(或者沒有這個步驟),將鰹魚切成厚度0.7公分的魚片。將白蘿蔔削皮之後磨成泥,稍微把汁瀝掉。將茗荷切成很薄的圓形薄片;把大蒜切成0.1公分厚的蒜片;把紫蘇細細切碎;將酢橘榨汁備用(也可以用別的柑橘類水果來取代,例如柚子、檸檬、綠檸檬或者香檸檬)。

將魚片放進盤子裡,撒上大蒜、紫蘇和茗荷,淋上酢橘汁,再將蘿蔔泥擺在最上面。將這盤菜放進冰箱裡15分鐘,讓它更入味。品嘗的時候沾一點醬油(不要沾太多)。

＊ 茗荷
二日本薑
我們吃它的花苞。新鮮的茗荷可以增添食物的香氣。

＊＊ 酢橘

和柚子一樣都是日本的柑橘類水果。酢橘是德島的特產。

清酒煮魚
NIZAKANA
煮魚

4人份

準備時間15分鐘
烹飪時間15分鐘

4條小型（或2條中型）的白肉魚（岩魚、小鯛魚……），掏
　　空內臟，刮去鱗片（可請魚販代勞）
4片薄薄的薑片
1段3公分長的韭蔥蔥白
4湯匙的醬油
4湯匙的味醂
1湯匙的蔗糖
200毫升的清酒
160毫升的水

將魚仔細洗乾淨（尤其是魚腹內部），用餐巾紙擦乾。在魚
身上用刀斜劃一、兩道淺痕。準備一個夠大的鍋子，讓魚
肉放進去不會疊在一起。如果有竹葉，把它鋪在鍋底，可以
避免魚肉黏鍋。先把醬油、味醂、糖、清酒和水倒入鍋裡煮
滾，再把魚、韭蔥和薑片放下去煮。蓋上鍋蓋，在魚和鍋蓋
之間要留一些空間。將火力轉成中小火，煮5～6分鐘。掀開
鍋蓋，以中大火繼續煮，讓醬汁慢慢減少，並不時將醬汁淋
在魚肉上，以這種方式再煮3～4分鐘。當魚肉煮熟，醬汁也
變得濃稠時，就可以熄火。將魚擺在各人的盤子上，配上一
片薑，並淋上醬汁。

和風骰子牛排
STEAK À LA JAPONAISE
サイコロステーキ

4人份

準備時間15分鐘
烹飪時間10分鐘

4塊牛排（要有適度的肥肉），厚度約2公分（每人大約150克）
2湯匙的清酒
5公分長的白蘿蔔

沾醬
5湯匙的醬油
2湯匙的米醋
1/2顆有機檸檬，榨汁
1瓣大蒜

將白蘿蔔削皮之後磨成泥。用刀背將大蒜拍碎再切成大顆粒。把沾醬的所有材料混合均勻。至少在煎的30分鐘之前，將牛排從冰箱拿出來回溫。稍微撒一點鹽。用平底鍋將牛排煎到您喜歡的熟度。淋上清酒可增添香氣。取出牛排，先放置3分鐘。將牛排切成小方塊，和蘿蔔泥一起擺在盤子上。以牛排沾醬汁，搭配一點蘿蔔泥食用。

附錄

烹飪用具

丼飯鍋

菜刀

刀

刨刀

筷子

竹簾

鯊魚皮山葵研磨板

長次郎作

竹刷

磨泥板

蔬菜

毛豆

山葵

白蘿蔔

香菇

紫蘇

大白菜

秋葵

蓮藕

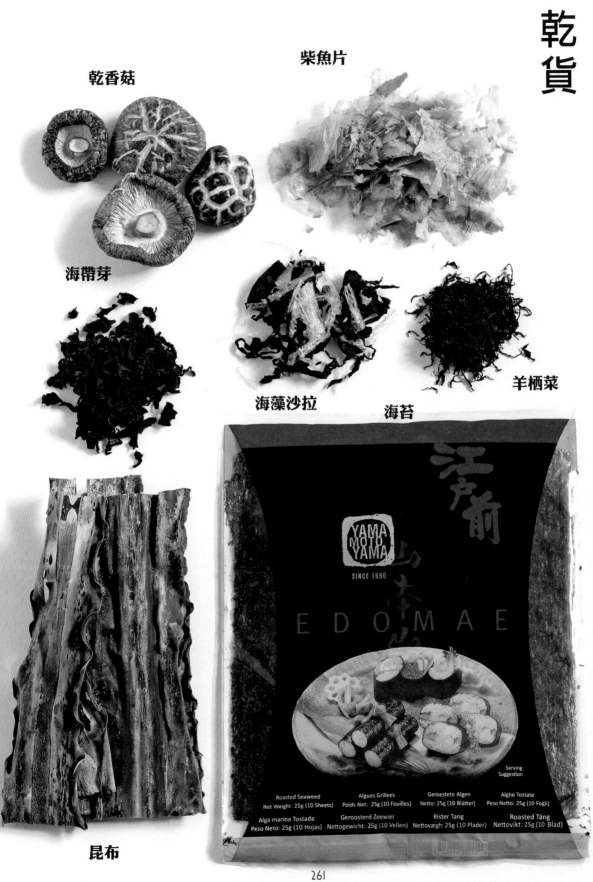

乾香菇

柴魚片

乾貨

海帶芽

海藻沙拉

海苔

羊栖菜

昆布

Roasted Seaweed
Net Weight: 25g (10 Sheets)

Alga marina Tostada
Peso Neto: 25g (10 Hojas)

Algues Grillées
Poids Net: 25g (10 Feuilles)

Geroosterd Zeewier
Nettogewicht: 25g (10 Vellen)

Geroestete Algen
Netto: 25g (10 Blätter)

Rister Tang
Nettovægh: 25g (10 Plader)

Alghe Tostate
Peso Netto: 25g (10 Fogli)

Roasted Tång
Nettovikt: 25g (10 Blad)

麵類

熟烏龍麵

蒸熟麵

中華麵
（乾麵）

蕎麥麵

烏龍麵

素麵

其他

豆腐

鹹梅子

甜不辣

群馬のしらたき
徳用
C 193
蒟蒻麵

魚板

油炸豆皮

春卷皮

餃子皮

醬汁

烤肉醬

用途：醃料（烤肉）、調味料（芝麻菜或紫色高麗菜等味道重的沙拉、生豆腐）。

保存天數：4天

400克的肉的醃料

4湯匙的醬油
2湯匙的味醂
1湯匙的麻油
1瓣大蒜，磨成泥
1/8顆蘋果，磨成泥
1咖啡匙的蔗糖
3公分長的韭蔥，取蔥白切碎
1/2湯匙的烤芝麻粒

將所有的材料混合均勻。

胡蘿蔔醬汁

用途：適合各種沙拉的新鮮濃稠醬汁。

比例：一盤4人份的沙拉需要3～4湯匙的醬汁。

保存天數：4天

4人份沙拉的調味醬汁

50毫升的醬油
35毫升的米醋
50毫升的初榨橄欖油
1湯匙的味噌
1湯匙的芝麻醬
1湯匙的蔗糖
1瓣大蒜
1公分長的薑，去皮
4公分長的胡蘿蔔，去皮
1/4顆洋蔥，剝去外皮

以手持式攪拌器將所有的材料攪碎。

昆布醬油

用途：可取代醬油用來炒飯，或者作為生豆腐和生魚片（鮪魚、鮭魚、沙丁魚）的調味料。

保存天數：10天

100毫升的昆布醬油

100毫升的醬油
5×5公分的昆布
1瓣大蒜，去皮不必拍碎

讓昆布和大蒜浸在醬油裡。
這種醬汁不適合搭配白肉魚，因為大蒜會破壞肉質的美味。

泡菜醃料

用途：在短時間內醃漬大約400克的蔬菜。

保存天數：10天

作為400克的泡菜的醃料

50毫升的米醋
2湯匙的蔗糖
2湯匙的魚露
1湯匙的鹽

將所有的材料倒入小鍋裡，以中火煮滾。將您喜歡的蔬菜（花椰菜、胡蘿蔔、小黃瓜……）和醃料一起放進保鮮袋裡。把袋裡的空氣排掉，封口封好，讓蔬菜至少醃1小時。
您可以在醃料裡加入花椒、薑、紅胡椒粒或者您喜歡的香料，也可以加1湯匙的麻油增添香氣。

芫荽醬汁

用途：非常適合作為根莖類蔬菜（胡蘿蔔、蓮藕、烤地瓜）和重口味紅肉（羊腿、烤鴨）的調味料。

比例：100克的蔬菜需要1湯匙的醬汁。

保存天數：3天

一隻4人份烤羊腿的調味醬汁

1/2束芫荽（或1小把芫荽），切碎
1瓣紅蔥頭，切碎
1瓣大蒜，切碎
2咖啡匙的蔗糖
4湯匙的葵花油
60毫升的醬油
1/2顆綠檸檬，榨汁

將切碎的芫荽、大蒜和紅蔥頭放進一個金屬碗裡，並在上面撒糖（不用拌勻）。在小鍋裡將油加熱到稍微冒煙。把油倒進碗裡，加入醬油和綠檸檬汁。把所有的材料拌勻。
這種醬汁的味道很香，顏色又是呈美麗的綠色，相當特別，是我最喜歡的醬汁。

巴沙米醋醬油

用途：這種組合很適合當作調味料的基本材料（沙拉、蔬菜、豆腐），還可以取代烤雞肉串的醬汁（參考第186頁）。

比例：4人份的綠葉沙拉需要3湯匙的醬汁加上3湯匙的麻油。

50%的醬油
50%的巴沙米醋

從口味上來說，很難辨識出這種組合的成分。醬油會因為巴沙米醋而略帶甜味。

鹽醬

用途：非常適合搭配烤雞、番茄或小黃瓜沙拉。

比例：2顆番茄需要2湯匙的醬汁。

保存天數：2天

一隻4人份烤雞的調味醬汁

5公分長的韭蔥蔥白，切碎
2公分長的薑切碎
60毫升的冷壓初榨麻油
2湯匙的粗鹽
1湯匙的魚露
1顆檸檬榨汁
1咖啡匙的黑胡椒粒，磨碎

將所有的材料混合均勻。

目錄

食材索引

推薦的地點

根津─千駄木

我回東京的時候，很喜歡來這一區逛街。在地鐵根津站和千駄木站之間，有一些小規模的食品店、糕餅店、手工藝品店、很棒的日本餐廳、一間很漂亮的根津神社，甚至還有一座小溫泉！在這裡可以悠閒地逛一整天。

蕎麥麵店
よし房

東京都文京區根津2-36-1

11:00～15:00　　　17:30～20:30

星期二不營業

這是家父與我最喜歡的蕎麥麵店。師傅天天製作蕎麥麵（圖片見第50頁）。吃著現做的美味蕎麥麵，配上一杯新鮮爽口的清酒，正如同東京在地作家池波正太郎所說的，這是純粹的幸福。

糖果店
小石川金太郎飴

東京都文京區根津1-22-12

10:00～18:00

星期一不營業

這間知名的金太郎飴糖果店創立於1914年，經營者是一對很慈祥的爺爺奶奶。這家店一直保持著最正統的東京糖果的滋味。

豆腐店
根津とうふ工房須田

東京都文京區根津2-19-11

小商店街
谷中銀座商店街

東京都台東區谷中3-13-1

這條街聚集了各種貨真價實的小商店。賣清酒的商人當街邀請客人品嘗清酒，魚販現烤鰻魚，蔬果店裡的貨新鮮又便宜……這裡的商人不太喜歡被拍照（尤其是沒有事先徵求同意），不過他們通常很和善，而且以自己的職業為榮。您會看到很多年紀超過80歲的老人家依然堅守工作崗位。

煎餅店
大黑屋

東京都台東區谷中1-3-4

10:30-18:30

星期一不營業

本區最美味的鹹味仙貝就在這裡。店面雖然小，卻非常漂亮。如果運氣好，還可以觀賞師傅在炭爐上一片一片地烤仙貝，極為賞心悅目，而且醬油的焦香味絕對令人難以抗拒（圖片見第100頁）。

現代化魚店
根津松本

東京都文京區根津1-26-5

11:00～19:00

星期日與假日不營業

根津松本並不是道地的日本魚店，店裡聞不到一絲魚腥味。這是一間極簡主義風格精緻的店，非常乾淨時尚。老闆每天從築地市場批進品質最好的魚貨，附近的鄰居向他訂了一盒生魚片，呈現的結果和珠寶盒一樣美麗（圖片見第89頁）。他沒有透露價格，不過品質一定令人滿意。

淺草

這一區的特色是喜劇劇場、寺廟、手工藝品店和以東京料理聞名的餐廳。值得來這裡逛一逛，參觀和服專賣店和藝品店，探訪日本最古老的淺草花屋敷遊樂園，並且在這裡用餐。

Angelus
東京都台東區淺草1-17-6

10:00～21:00

在這間正統的咖啡廳可以品嘗洋菓子，也就是靈感來自西方的日式糕點，例如日式草莓蛋糕或者蛋糕卷。他們的冰滴咖啡和咖啡蛋糕卷真的是絕配。

Starnet
東京都千代田區東神田1-3-9

11:00～20:00

這間店位於馬喰町，距離淺草不遠。我會來這裡買碗盤（例如這本書裡出現的碗盤）。1樓展示的是來自栃木縣的碗盤，當地的益子燒很有名；2樓的商品則是天然原料染製的衣服和配件。店裡會引進一些年輕的益子燒陶藝工匠的作品，售價不至於高不可攀。這些陶器的造型簡單卻頗有創意。我每次從這間店走出來，手上總是提著好幾大袋的戰利品。

合羽橋

合羽橋道具街

東京都台東區松谷18-2（商店街第一家店的地址）

在淺草旁邊有一條街，專門販售烹飪用具（圖片見第220頁）和食物模型（展示在餐廳廚窗以塑膠製造的假食物，圖片見第74頁）。這條街對您來説，有錢包失血的危險，您幾乎可以在這裡找到日本料理所需的一切用具，包括做糕點的道具，還有碗盤。逛完街上所有的店，至少要花上半天的時間，甚至更久。這個地方很有趣，東西的價格也很便宜。

築地

築地市場

東京都中央區築地5-2-1（市場第一家店的地址）

這是全世界最大的魚市場（圖片見第32頁）。您可以在這裡找到所有和烹飪相關的商品：全日本最好的刀具店、非常新鮮的魚、以市場的魚貨為食材的好餐廳……場外市場從營業時間一開始就對觀光客開放，場內市場僅供業者採購，一般人要等到9點之後才能進去。

如果想在市場內的餐廳品嘗非常新鮮的壽司，可以考慮早一點去，因為從7點開始就有人排隊了。上他們的網站可知道更詳細即時的資訊。

www.tsukiji-market.or.jp

原宿

代代木公園

東京都澀谷區代代木神園町2-1

這座大公園距離摩登繁華的原宿、澀谷和表參道都不遠。位於公園旁邊的明治神宮是東京最好的神社之一，人們可以來這裡參加傳統式的婚禮。代代木公園裡的野餐區是和家人或朋友相聚的熱門地點，在這裡還可以看到有人跳扭扭舞，有人把自己裝扮成洋娃娃或者動漫中的角色。各式各樣的人混在一起，深具東京的特色。公園入口處有一些小吃攤，每天都營業。春天的時候，公園裡到處都擠滿了賞櫻花的民眾。

澀谷

Partyland

東京都澀谷區宇田川町13-4丸秀大廈2樓

這間日式可麗餅卷和霜凍優格專賣店走的是可愛路線。難得有機會，您或許會想嘗嘗日式可麗餅卷，看起來很可口，裝飾得很漂亮，而且非常巨大（圖片見第124頁）。這間店位於澀谷中央，這一區聚集了許多服飾店、鞋店、速食餐廳和年輕人去的居酒屋。澀谷是如此的活力充沛，色彩繽紛，光是看著就覺得很好玩。這麼多人，這麼吵雜，這麼多商店，簡直是超現實。

新宿

懷舊居酒屋街

地鐵新宿站旁邊（西邊出口）

www.shinjuku-omoide.com

晚上想去居酒屋（圖片見第190頁）消磨時光，這裡是最適合的地點，有許多餐廳和酒吧可供選擇。居酒屋、壽司、烤雞肉串，拉麵……不必遲疑，在這家店喝一杯，換下一家喝第二杯。老闆會準備種類繁多的下酒菜供客人品嘗。

壽司辰

東京都新宿區西新宿1-2-7

這是一間很好的壽司餐廳，位於懷舊居酒屋街，仍保留江戶時期的風格，空間非常狹窄（這一區其他的餐廳也一樣）。請注意，這裡的壽司是沾鹽吃的，真是特別啊……不是只能沾醬油。壽司師傅喜歡客人聽從他的建議，所以先按照他的方式來品嘗壽司，晚一點再沾醬油。因為完美的調味，您將會發現鮮魚的真正滋味。

感謝

感謝我的編輯蘿絲瑪莉迪多蒙尼可，給我這麼好的機會完成這本書。書中的照片要感謝井田晃子和皮耶·賈維勒。至於美術設計，感謝薩賓娜！跟您一起重新發現東京實在太好玩了。晃子，你帶給我許多靈感，當我遇到瓶頸時，你的建議真的給我很大的幫助。

阿嘉莎，非常感謝您幫助我，鼓勵我，還為我更正了食譜中所有的法文錯誤。

Miyako、Yamato、薩賓娜和昆丁，還有我最好的朋友Megumi和瑪琳，謝謝你們參與了在巴黎的照片拍攝。我跟你們玩得很開心，而且我非常樂意為你們做菜。謝謝Ami在糕點方面所提供的建議。

在東京這邊，感謝山姆、Tomoko、Dai、Namazu、Jyun和Fumiya在我的旅途中所給予的協助。感謝所有的商家和餐廳慷慨親切地接待我們，並且帶給我們靈感。感謝CHEF'S餐廳的Noriko和Wong先生，你們始終是全世界最好的餐廳，也是我的靈感來源。

最後，大大的感謝我的父母給予我最好的烹飪教育。謝謝親愛的雨果品嘗了我做的菜，並且與我分享生命中的喜悅。

（譯注：除了攝影師井田晃子，其他人的名字都無法確定是哪些漢字。）

歐洲博覽會金牌廚師
巴黎最佳甜點師

克里斯道夫・菲爾德說：
糕點製作是一門藝術，追求完美是一種樂趣。

法國甜點聖經：巴黎金牌糕點主廚的207堂甜點課
精裝／限量典藏版

克里斯道夫・菲爾德（Christophe Felder）／著

郭曉賡／譯　定價2400元

一看就懂的百種配方×3200張步驟圖，從經典的馬卡龍到現正流行
的泡芙，所有法國人愛吃的甜點，盡在其中：馬卡龍、手工巧克力、
經典蛋糕、降臨節糕點……等九大主題，滿足妳多變、挑剔的味蕾！
獨家精裝版，隨書附贈精美書盒，數量有限，值得珍藏。

法國甜點聖經平裝本1：巴黎金牌糕點主廚的麵團、麵包與奶油課

克里斯道夫・菲爾德（Christophe Felder）／著
郭曉賡／譯　定價480元

繼限量典藏版之後，推出親民的平裝本，你可以分冊購買。第一冊麵團、麵包與奶油課：從塔皮、奶酥麵團、泡芙麵團到千層酥皮，從奶油可頌、丹麥麵包、咕咕霍夫到油炸布里歐，從法式蛋白霜、焦糖布丁、奶凍到蛋糕布丁，由淺入深，循序漸進，輕鬆學習，簡單上手。

法國甜點聖經平裝本2：巴黎金牌糕點主廚的蛋糕、點心與裝飾課

克里斯道夫・菲爾德（Christophe Felder）／著
郭曉賡／譯　定價480元

詳盡的分解步驟圖，便於讀者更直接了解具體技巧，消除新手顧慮。第二冊蛋糕、點心與裝飾課：從水果蛋糕、歐培拉、閃電泡芙到提拉米蘇，從鏡面醬、棉花糖、費南雪到可麗露，從糖片、糖絲、焦糖花、塑型翻糖到糖粉展台，由淺入深，循序漸進，輕鬆學習，簡單上手。

法國甜點聖經平裝本3：巴黎金牌糕點主廚的巧克力、馬卡龍與節慶糕點課

克里斯道夫・菲爾德（Christophe Felder）／著
郭曉賡／譯　定價480元

去除誇張繁雜的炫技，不藏私，不賣弄，零失敗。第三冊巧克力、馬卡龍與節慶糕點課：從巧克力慕斯、杏仁軟糖、布朗尼蛋糕，從杏仁霜、蛋白霜、老式馬卡龍到馬卡龍塔，從拐杖餅乾、薑餅屋到聖誕布丁，由淺入深，循序漸進，輕鬆學習，簡單上手。

地址： 　　　縣/市　　　鄉/鎮/市/區　　　路/街

　　　段　　巷　　弄　　號　　樓

廣 告 回 函
台 北 郵 局 登 記 證
台北廣字第2780號

三友圖書有限公司 收
SANYAU PUBLISHING CO., LTD.

106　　台北市安和路2段213號4樓

三友圖書
讀書俱樂部

「填妥本回函，寄回本社」，即可免費獲得好好刊。

優質好康

粉絲招募
歡迎加入

臉書／痞客邦搜尋
「微胖男女編輯社-三友圖書」
加入將優先得到出版社提供的相關優
惠、新書活動等好康訊息。

四塊玉文創╳橘子文化╳食為天文創╳旗林文化
http://www.ju-zi.com.tw
https://www.facebook.com/comehomelife

親愛的讀者：

感謝您購買《東京味：110⁺道記憶中的美好日式料理》一書，為感謝您對本書的支持與愛護，只要填妥本回函，並寄回本社，即可成為三友圖書會員，將定期提供新書資訊及各種優惠給您。

姓名 _____ 出生年月日_____

電話 _____ E-mail _____

通訊地址_____

臉書帳號 _____

部落格名稱 _____

1 年齡
☐ 18 歲以下 ☐ 19 歲～ 25 歲 ☐ 26 歲～ 35 歲 ☐ 36 歲～ 45 歲 ☐ 46 歲～ 55 歲
☐ 56 歲～ 65 歲☐ 66 歲～ 75 歲 ☐ 76 歲～ 85 歲 ☐ 86 歲以上

2 職業
☐軍公教 ☐工 ☐商 ☐自由業 ☐服務業 ☐農林漁牧業 ☐家管 ☐學生
☐其他 _____

3 您從何處購得本書？
☐網路書店 ☐博客來 ☐金石堂 ☐讀冊 ☐誠品 ☐其他 _____
☐實體書店 _____

4 您從何處得知本書？
☐網路書店 ☐博客來 ☐金石堂 ☐讀冊 ☐誠品 ☐其他 _____
☐實體書店 _____ ☐ FB(微胖男女粉絲團 - 三友圖書)
☐三友圖書電子報☐好好刊（季刊） ☐朋友推薦 ☐廣播媒體 _____

5 您購買本書的因素有哪些？（可複選）
☐作者 ☐內容 ☐圖片 ☐版面編排 ☐其他 _____

6 您覺得本書的封面設計如何？
☐非常滿意 ☐滿意 ☐普通 ☐很差 ☐其他 _____

7 非常感謝您購買此書，您還對哪些主題有興趣？（可複選）
☐中西食譜 ☐點心烘焙 ☐飲品類 ☐旅遊 ☐養生保健 ☐瘦身美妝 ☐手作 ☐寵物
☐商業理財 ☐心靈療癒 ☐小說 ☐其他 _____

8 您每個月的購書預算為多少金額？
☐ 1,000 元以下 ☐ 1,001 ～ 2,000 元 ☐ 2,001 ～ 3,000 元 ☐ 3,001 ～ 4,000 元
☐ 4,001 ～ 5,000 元 ☐ 5,001 元以上

9 若出版的書籍搭配贈品活動，您比較喜歡哪一類型的贈品？（可選 2 種）
☐食品調味類 ☐鍋具類 ☐家電用品類 ☐書籍類 ☐生活用品類 ☐ DIY 手作類
☐交通票券類 ☐展演活動票券類 ☐其他 _____

10 您認為本書尚需改進之處？以及對我們的意見？
_____

感謝您的填寫，
您寶貴的建議是我們進步的動力！